本书获国家自然科学基金青年项目（31800941）出版资助

对多重分类目标的知觉与评价：单维分类的权重分析

宋静静 著

吉林大学出版社
长春

图书在版编目（CIP）数据

对多重分类目标的知觉与评价：单维分类的权重分析 / 宋静静著 . -- 长春：吉林大学出版社，2020.8

ISBN 978-7-5692-6859-1

Ⅰ . ①对… Ⅱ . ①宋… Ⅲ . ①统计数据—统计分析 Ⅳ . ① O212

中国版本图书馆 CIP 数据核字（2020）第 148148 号

书　　名　对多重分类目标的知觉与评价——单维分类的权重分析
DUI DUOCHONG FENLEI MUBIAO DE ZHIJUE YU PINGJIA
——DANWEI FENLEI DE QUANZHONG FENXI

作　　者：宋静静　著

策划编辑：卢　婵

责任编辑：卢　婵

责任校对：赵　莹

装帧设计：汤　丽

出版发行：吉林大学出版社

社　　址：长春市人民大街 4059 号

邮政编码：130021

发行电话：0431-89580028/29/21

网　　址：http：//www.jlup.com.cn

电子邮箱：jdcbs@jlu.edu.cn

印　　刷：广东虎彩云印刷有限公司

开　　本：787mm × 1092mm　　1/16

印　　张：12.75

字　　数：230 千字

版　　次：2020 年 8 月　第 1 版

印　　次：2020 年 8 月　第 1 次

书　　号：ISBN 978-7-5692-6859-1

定　　价：88.00 元

前 言

2014年，我开始攻读社会心理学博士，社会心理学领域中很多有意思的研究主题吸引了我的注意，很多研究内容常常源于一个非常现实的社会问题。读博后，我马上就被贴上了“女博士”的标签。但是向陌生人进行自我介绍的时候，我并不喜欢介绍自己是博士，女博士这样的标签能让人马上就联想到我是“不爱化妆的、很不女性化的、特别理性、很强势、有些书呆子、只生活在象牙塔里、很不入世等等”的刻板形象，为了驳斥这种负面的刻板印象，读博期间我会尽量化妆打扮，尽可能展现出“我不是你们想象中的那种女博士”，女博士也是可以有女性魅力的。现在想来，我虽然好像在突破、在反抗某一社会角色束缚（女博士），但是其实我只是在顺应另外一个社会角色要求（温柔的女性角色）。

我出生在河南焦作，所以“河南人”是我的另外一个标签，但是读书期间，鉴于河南人的那些负面刻板印象（你甚至可能说不清楚这些负面的刻板印象到底是什么，而只是转化为对河南人的偏见和歧视），我也不愿意主动提及自己是河南人。但是其实在现实生活中，我完全没有感觉到别

人对河南人的偏见，这种地域偏见的主战场似乎集中在虚拟匿名的网络社会中。

这些问题在我脑海中原本只是简单的生活困扰或者一种自我反思，但是进入社会心理学领域以后，我开始从科学研究的视角来思考这些问题：为什么会这样？我们同时拥有那么多身份标签，我们更爱展现哪些身份？在不同的情境下，我们会进行怎样的印象管理？我们印象管理策略的背后原因是什么？这也成为我读博期间研究的主要问题，也是本书关注的研究主题。

本书关注人们的多重身份，使用社会心理学的研究方法，探究和比较各个身份的重要性。为了保持学术领域内的一致性和沟通性，包含相对较多专业术语，适合于社会心理学专业的本科生和研究生阅读，接下来我将谈一下这本书的主要内容。

单维分类（simple categorization）将人们分为不同的群体，多重分类（multiple categorization）是指按照多个单维分类（simple categorization）对人们进行归类。因此每一个人都同时具有多重分类身份。比如，根据性别分类，我是女性；根据学历分类，我是博士；根据职业分类，我是教师，根据地域分类，我是河南人。对人们多重分类身份的研究因为更具生态效度和社会意义而成为社会心理学家关注的热点问题。

大量研究指出多重分类会导致人们较少采用群体刻板印象来评价目标，而是将这个目标感知为个体化的和去类别化的，进而导致群体偏见和歧视降低。总结而言，以往相关研究常常将多重分类作为一个整体目标来衡量感知者对其的评价，较少有研究关注在对多重分类群体的评价中——单维分类的作用大小，这称之为多重分类目标评价中单维分类的权重问题(functional significance of the simple categorizations)。感知者的态度（对单维分类的刻板印象强度）和具体的情境会影响单维分类的权重大小。刻板印象强度较高的单维分类是主要的分类（dominate categorization）。其次，在某一情境中清晰的、凸出的、独特的分类是主要的分类。

本书分为七章。

第一章为文献综述，系统阐述“社会分类”的概念，分析社会分类包含的特性。探究人们对多重分类目标评价的三种机制：内群体认同、去分类化和维度之间相互作用。进一步比较人们评价多重分类目标时各个单维分类的功能重要性，以及其影响因素（评价者的态度和情境因素）。第二章为问题提出和总体设计部分，总结以往研究不足，阐述本课题的研究目标和研究内容。以“双路径认知评价模型”为主线，考察单维分类对多重分类目标知觉与评价的影响，以及多重分类目标自我刻板评价时单维分类的权重大小。

第三章至第五章关注人们对多重分类目标评价时各个单维分类的权重大小。研究一研究多重分类目标知觉评价中单维分类的功能重要性，分别采用盒子分类任务、面孔识别任务、交叉分类任务和写作任务，从多个视角比较单维分类的功能重要性。研究二研究评价者相关因素对单维分类功能重要性的影响，分别从评价者以往归类经验、评价者对单维分类的刻板认知、评价者的情绪和评价者的对比思维几个角度研究该问题。研究三探索被评价目标所处的情境对单维分类功能重要性的影响，分别从目标分类的独特性、群体意见的分歧和目标的具体行为（刻板行为和刻板预期违背行为）三个角度进行研究。

第六章关注多重分类目标自我刻板评价时的单维分类的权重，分别考察被试对各个身份的群体认同和自己所处的情境因素对单维分类权重的影响，再者，关注内群体成员的刻板行为对多重分类目标自我刻板评价的影响。

第七章为总体讨论部分，讨论研究发现的主要研究结果，分析研究的不足和局限，并且概括未来研究方向。

该研究领域虽然已经在国外被大量研究，但是国内心理学学者对此的关注仍然非常缺乏，希望这本书的内容能够帮助国内学者更快速的了解该领域并且从事相关研究，也希望研究结果能够帮助我们更加了解人们多重身份的印象管理策略。本人能力有限，本书的写作中可能会存在错误和不妥之处，还望读者指正。

目　录

第 1 章　文献综述

1.1　社会分类

外部世界纷繁复杂，处理这些信息对于人类大脑来说是一个巨大的工程，“分类”过程顺势而生。分类（categorization）是人们通过事物之间的相似性与差异性来理解事物的过程（McGarty，1999）。分类能将纷繁复杂的刺激组织为多个简单的类别，让社会生活结构化（Pontikes & Hannan，2014），人们可以借助于“分类”来思考（Allport，1954），使外部环境变得简化和方便理解，减轻人类的认知负担。

分类无处不在，它是人类长期进化适应的产物（Abramas & Hogg，2010）。人类将动物分类，将植物分类，也将人类自己进行分类。社会分类（social categorization）是个体基于共享相似性将他人分为不同群体的主观过程（Dovidio & Gaertner，2010）。想一想知道自己与别人的差异是多么重要，我们把我们接触的人分成各种类别：男人、女人、黄种人、

黑人、老年人、年轻人、穷人、富人等，然后基于对这些分类群体的固有认识，我们能够对陌生人进行快速的评价。如果你不知道老年人和年轻人的差异，非洲人和印度人的差异，科学家和律师的差异，你的生活该多么混乱、糟糕。

1.1.1 社会分类的属性

不同的分类维度将人们分成不同的群体，性别分类将人们分为男人和女人，种族分类将人们分为黑人、白人和黄种人，年龄分类将人分成儿童、年轻人、中年人和老年人，财富分类将人们分成穷人和富人。这种基于单个维度的分类过程称为单维分类（simple categorization）。社会分类区分出来的身份特征是我们认识某些群体或个体的重要认知依据，影响着我们对目标的印象形成，同时也是刻板印象评价产生的重要前提。人们对目标对象的刻板评价主要包括两个过程。第一个过程为分类过程，即识别目标对象的分类信息，快速鉴别出目标所具有的分类。第二个过程为形成刻板评价过程，识别的分类信息会自动激活相应的群体刻板印象。比如以女性目标、年轻人目标为例：首先，人们能够通过面孔、身材和着装等外部特征快速识别出目标的性别信息（女性）和年龄信息（年轻人），并且自动激活性别刻板印象和年龄刻板印象而对该目标形成刻板评价。男生被刻板地认为是刚强、果敢的，而女生被刻板地认为是温柔、怯懦的（Fiske & Taylor，2007）。老年人被刻板地认为睿智，但是记忆力差、身体运动能力比较差，也是固执的，而年轻人被刻板地认为是莽撞、具有攻击性的（Fiske & Taylor，2007）。单维分类的刻板印象研究已经受到学者的广泛关注，并且取得了巨大的成绩。需要说明的是，这种快速评价常常因为忽略了群体内部多样性和群体成员的个性化而导致对目标的评价刻板化与不准确性。

人们的社会身份并不是简单的、完全中立的定义，这些分类和身份信息很多时候能够反映人们的社会地位、社会权利和价值。比如性别分类区分出来男生和女生群体，男生的社会经济地位普遍高于女生。种族分类区分出来黑种人、黄种人和白种人，黑人的社会经济地位普遍低于白人群体。因此社会身份不仅满足了人们“认知简化”，减轻认知负荷让生活结构化的需要（Fiske & Taylor，2007），也满足了人类强烈的创造认知与社会秩序的需要（Philogène，2012）。需要说明的是，这些分类虽然反映了权利的比较，然而这种权利的较量并不是一成不变的，它们是灵活、自动并且复杂的。

社会分类过程是自动化的过程，我们能够快速通过面孔、着装、发型等外部信息识别他人的性别、种族、年龄等身份特征，这种自动化的分类过程得到了众多实证研究的证明（张晓斌，2012；Nosek，Greenwald，& Banaji，2007）。并且，不只分类的过程是自动化的，人们也会基于分类信息而对目标进行自动化的认知评价和行为推断。Payne（2001）通过武器错误识别任务证明了根据种族信息进行判断的自动化过程，该研究发现人们更容易对黑人面孔进行更多的错误射击反应（Correll et al.，2007）。

社会分类也表现出稳定性与灵活性共存的特点。社会分类通常是稳定的，比如自然线索分类中的性别分类和种族分类在人的一生中基本上是一成不变的，性别和种族分类也是人们最经常使用的分类维度（Crisp & Hewstone，2007）。然而很多分类并非一成不变的，比如年龄分类，个体会经历很多年龄阶段。穷富、职业等社会线索的分类更是表现出灵活性的特点。

社会分类也存在模糊性的特点（Bodenhausen & Peery，2009），现代社会群体的边界越来越模糊，以性别为例，性别不只包含生理性别的自然属性，也包含了侧重心理和社会性别的社会属性。根据性别分类的自然属性可以将人们分成男性和女性，但是随着人类文明的进步，性别的界定也越来越模糊，女同性恋、男同性恋、双性恋和变性者（LGBT）的出现使得男性和女性的二分类并不能界定清楚人们的性别（Eidson，& John，2014；Ghaziani，Taylor，& Stone，2016）。此外，以国家地区身份为例，人口的流动、国籍的变更越来越普遍，国家等地区分类的边界也比以前要模糊。

社会分类存在多样性。在前人的研究中，社会分类通常可分为两种类型。一类是自然线索的分类，比如性别分类、年龄分类、种族分类（Song & Zuo，2016；Blakemore & Boneham，1994）。自然线索的分类常常是显而易见的、能够被快速识别的分类，在对陌生人的评价和判断中能够第一时间被提取出来。此外，性别和种族分类是从出生到死亡一成不变的自然线索的分类，具有相对稳定性，而年龄分类是连续变化的，都会经历每一个年龄阶段。另一类是社会线索的分类，比如职业、学历、家乡、地域（南北方）等，这种分类相对于自然线索的分类比较难识别，只有通过谈吐习惯等去猜测或者个体主观描述识别。

1.1.2 多重分类

我们具有多重身份，如，我是中国人，我是女性，我是一位母亲，我是老师，我是博士。

因为存在如此多种多样的社会分类维度，因此人们同时从属于很多个不同的社会群体，都具有多种身份，承担着各种各样的角色，这些不同的社会群体分类同时会赋予个体不同的身份标签，多种身份标签下的个体才是完整的个体。因此每一个人都是多重分类个体。比如作者本人，在性别分类上是女生，在年龄分类上是青年人，在种族分类上是黄种人，在学历分类上是博士，在职业分类上是大学教师，在家庭角色中是一位母亲。任何一个单一的身份都不能够代表作者本人，这些所有身份的整合才是完整的作者本人。

但是以往关于社会分类的研究仍然是集中在一个类别维度的单维分类（simple categorization）。然而相比于关注单一维度分类的研究，多重分类的研究才更符合现实情况，相关的研究更具生态效度。近些年，学者逐渐开始关注人们的多重社会分类，开始探索对多重分类目标的感知和刻板评价（Crisp & Hewstone，2007）。这其中关注最多的是交叉分类的研究。所谓交叉分类（cross categorization）是指同时根据两个单维分类来划分和评价群体的过程（黎情，佐斌，胡聚平，2009）。比如，根据穷富和年龄这两个单维分类，可以将人分为老年穷人、年轻穷人、老年富人和年轻富人四类群体。

很多学者研究了人们对两个类别分类的交叉分类目标的感知和印象评价（Bodenhausen，2010；Freeman & Ambady，2011；Galinsky，Hall，& Cuddy，2013；Johnson，et al.，2012；Kang & Bodenhausen，in press；Neuberg & Sng，2013；Penner & Saperstein，2013；Sesko & Biernat，2010；Urada，Stenstrom，& Miller，2007）。但是这些交叉分类的研究常常是关注自然线索的分类的交叉，比如种族与性别（Johnson，Freeman，& Pauker，2012；Klauer，Hölzenbein，Calanchini，& Sherman，2014；Schug，Alt，& Klauer，2015）、种族与年龄（Kang et al.，014），或者年龄与性别（Cloutier，

Freeman, Ambady, 2014; Klauer, Ehrenberg, & Wegener, 2003; 王凯, 王沛, 2012）。关于社会线索分类的研究还比较匮乏，严磊（2017）关注了性别与职业分类（大学生和农民工）的交叉分类对刻板印象的影响，吴月鹏（2016）关注了人们对性别与游戏玩家类型（暴力电子游戏玩家和非暴力电子游戏玩家）的交叉分类目标的评价。总而言之，以往交叉分类的研究缺乏对社会线索的分类的关注，而社会线索的分类是确认个体的身份地位的重要分类。因此，我们有必要关注社会线索分类，并且进一步探索同时包含了自然线索分类和社会线索分类的多重分类目标，进一步研究人们对多重分类目标的印象评价及其机制。

1.2 人们对多重分类群体的评价——以交叉分类为例

研究者关注评价者对交叉分类目标的印象评价，认为交叉分类在某些情况下能够在一定程度上弱化刻板印象信息的使用，减少或消除群际偏见和歧视（Goar, 2007; Vescio et al., 2004），交叉分类对群体的偏见的降低作用在女性黑人群体、老年黑人群体、同性恋黑人群体中都得到了验证（Galinsky, Hall, & Cuddy, 2013; Sesko & Biernat, 2010; Remedios, Chasteen, Rule, & Plaks, 2011; Kang, & Chasteen, 2009）。然而在其他情况下却会导致群体消极刻板印象增加（Crisp & Hewstone, 2006），比如，年轻女性评价老年男性这样的双外群体目标时偏见更大。

总结以往研究，对交叉分类目标的刻板评价存在以下三种机制。（1）交叉分类导致群体类别之间的会聚（老年女性群体与老年男性群体可以会聚为老年人群体）和群体类别内部的分歧（老年人群体可以进一步分为老年女性群体和老年男性群体），这导致人们的刻板印象总体降低，因此对交叉分类目标的偏见和消极刻板评价降低（Vescio，Judd，& Kwan，2004）。（2）交叉分类形成的四种群体根据与评价者的内外群体关系可以分为以下四类群体：双内群体（II）、内－外群体（IO）、外－内群体（OI）和双外群体（OO）（I 指 In-group，O 指 Out-group），基于内群体偏爱和外群体贬损效应，评价者对双内群体的评价最积极，对内－外群体和外－内群体的评价比较积极，而对双外群体的印象评价比较消极（Crisp，Hewstone，Richards，& Paolini，2003；Hehman，Stanley，Gaertner，Simons，2011）。（3）各个单维分类的刻板印象会产生相互影响。例如，人们刻板地认为黑人是高攻击性的，老年人是低攻击性的，因此在对老年黑人目标的评价中，老年人的低攻击性评价会降低对黑人的高攻击性评价，进而对老年黑人的攻击性评价要比对黑人的低（Kang et al.，2014；Remedios et al.，2011）。以下部分我们将详述这三种机制。

1.2.1　人们对交叉分类群体的评价——基于内群体认同

社会认同理论（Hogg，2006；Hogg & Abramas，2010）指出群际偏见（即人们存在内群体偏好效应，而对外群体存在某种偏见）的产生经历了三个过程：社会分类、社会认同和社会比较。首先是社会分类过程，我们将他人包括我们自己归入各种类别，给每一个人贴上各种身份标签。其次是社会认同过程，人们根据他人与自我的相同与差异来对他人进行分类，将他人分为内群体（in-group）或外群体（out-group），这样便有了“我们”和“你们”这两个社会学最基本的概念。伴随着个体对自我的认识从“个人”一端转化为“群体”一端，积极自我评价的动机也转化为积极内群体评价的动机，个体就与内群体产生了情感和价值上的心理联系，通过跟内群体的连接我

们形成了社会认同（Tajfel，1972）。积极的内群体评价和认同能够提高个体的自尊水平，保持积极的自我形象。最后是社会比较过程，我们不单单形成内群体概念，通过与他人的比较，我们也将别人归为外群体。总结而言，人们存在内群体偏好，对外群体成员的评价存在偏见。

这种内群体偏好得到了众多研究的证实，研究指出幼儿会表现出对与其主要照料者（通常是母亲）面孔同性别的（Quinn，Yahr，Kuhn，Slater，& Pascalist，2002）、自己同种族的（Bar–Haim，Ziv，Lamy，& Hodes，2006）、同龄的（Sanefuji，Ohgami，& Hashiya，2006）面孔更长的注视时间。即从儿童时期开始，人们便会优先识别内群体身份。进化心理学家认为人们通常会优先关注可能与他们成为合作群体成员的指标线索（Efferson，Lalive，& Fehr，2008），这些信息是重要且有价值的，是能保证人们在野外生存下来的关键线索。快速鉴别寻找自己的合作者能够保证人们更好地找到并且捕杀猎物，保证自身居所的安全，进而在野外生存下来。

交叉分类导致刻板印象评价发生变化可能是基于内群体认同机制。交叉分类后形成的四个群体，一个是双内群体，两个是单内单外群体，一个是双外群体，比如对于一个年轻女性而言，另一个年轻女性是双内群体，老年女性是单内单外群体，年轻男性也是单内单外群体，老年男性是双外群体。内群体偏好导致对双内群体和单内单外群体的评价都比较积极，对双外群体的评价比较消极。以往已经有实证研究论证了这种效应。

共同内群体认同模型（Gaertner & Dovidio，2000；Gaertner，Mann，Dovidio，Murrell，& Pomare，1990；Gaertner，Mann，Murrell，& Dovidio，1989）指出交叉分类导致已存的群体边界模糊，只按照一个简单分类进行

归类时，对于年轻人群体而言，老年人即为外群体。而对于交叉分类目标的年轻女性，只有老年男性才是外群体成员。即交叉分类导致更多的被评价者与评价者有着相同的群体身份，有更大的可能性被划为内群体成员，进而导致对他人的评价总体上来说更加积极。但是需要注意的是，内群体认同机制的关键是被试对自己所属群体的认同，因此群体认同在其中起到重要的调节作用。

1.2.2　人们对交叉分类群体的评价——基于去分类化

也有学者指出，交叉分类并不是只导致对内群体的积极评价，交叉分类信息能够阻止整个刻板印象的应用。相比于呈现一个单维分类信息，当呈现交叉分类信息以后，人们会意识到被评价者的多重身份，倾向于采用更加理性、更详细的加工策略，放弃使用快速的刻板印象加工策略。多重分类将被评价者分割为更加细化的类别（比如两个单维分类能够将目标归为 4 类，三个单维分类能把目标归为 2^3=8 类），能够让人们在一定程度上摆脱群体自我的束缚，导致个体自我的重要性增加，因此较少使用群体刻板印象对他人进行评价和认识。

此外，两个类别的交叉可以导致类别之间的会聚和类别内部的分歧，这导致人们本身的刻板印象降低。交叉分类能够使得一个群体被进一步分成两个群体（老年人群体可以分为老年女性和老年男性群体），两个群体也能被归为一个更加上层级的群体（老年富人和老年穷人能够被归为更高级的“老年人群体”）。群体边界的模糊导致群体刻板印象降低。因此交叉分类信息阻止了整个刻板印象的应用。

1.2.3 人们对交叉分类群体的评价——基于具体维度

也有学者指出，交叉分类信息没有阻止整体刻板印象的应用，交叉分类对刻板印象的降低作用只发生在具体某一个分类的特质评价上。在对矛盾的交叉分类群体（即目标的两个分类具有矛盾的刻板印象）的评价中，人们对某一个分类的积极刻板印象，会降低另一个分类的消极刻板印象。例如，人们刻板地认为黑人是高攻击性和暴力的（Eberhardt，Goff，Purdie，& Davies，2004），女人是低攻击性的，因此在对黑人女性的评价中，女人的低攻击性评价会降低黑人的高攻击性评价（Schug，Alt，& Klauer，2015），进而导致对黑人女性的攻击性评价得分较低。此外，人们对老年人的刻板印象是体力衰弱、攻击性低的，人们对老年人高热情低攻击性的刻板印象降低了对黑人高攻击性的消极刻板印象，因此，人们对年轻黑人具有极富攻击性的消极刻板印象，但是对老年黑人的攻击性评价却偏低（Kang et al.，2014）。同理，人们对黑人同性恋的攻击性评价有所降低（Remedios，Chasteen，Rule，& Plaks，2011）。总结而言，对于矛盾的交叉分类群体，某一个分类的积极刻板印象会降低另一个分类的消极刻板印象。

1.3 人们对多重分类目标评价中单维分类的权重比较

评价者对多重分类目标的评价并不是多个单维分类的刻板评价的简单相加，而是多个单维分类相互作用形成新的刻板原型的结果（Kang，et al.，2014；王凯，王沛，2012）。每个单维分类的重要性不尽相同，重要性较大的单维分类是影响知觉与评价多重分类目标的重要分类，因此，单维分类重要性的大小关系能够预测人们对多重分类目标的刻板评价（Song & Zuo，2016）。单维分类功能重要性（functional significance of the simple categorization）探讨的是在对多重分类目标评价过程中几个单维分类的权重大小问题，寻找到主要的单维分类（dominate categorization）与次要的单维分类，以及各个单维分类的相互作用模式。单维分类对多重分类知觉与评价的影响本质上是单维分类功能重要性的分析。例如，老年富人的热情评价中，老年人分类和富人分类哪一个是评价其热情的主要分类维度？单维分类权重比较的探讨一方面能够丰富多重分类目标知觉与评价的理论研究，为已有的理论研究提供实证支持。另一方面单维分类权重比较的研究结果能够在改善对多重分类目标的刻板印象中发挥重要作用，即针对主要的维度进行有效的刻板印象干预。因此对单维分类权重比较的研究具有重要理论和实践应用价值。

多重分类目标的单维分类的具体作用方式是怎样的？关于人们对多重分类目标评价过程中多个单维分类作用的代数模型，研究者提出了平均模型（average pattern）和相加模型（additive pattern）。相加模型指出人们对多重分类目标的评价是多个单维分类的刻板印象的总和。平均模型指出人们将多个单维分类的刻板印象进行平均得到对多重分类目标的评价。研究发现评价者总是将评价对象所具备的特质相加然后平均来评价物体和他人（Urada et al.，2007），这基本证实了平均模型。但是平均模型用于多重分类目标刻板印象评价中的可实用性和可推广性有限（Singh，1976）。

平均模型和相加模型均假设在评价多重分类目标时各个单维分类的权重是一样的，然而如我们之前所述，多个单维分类的重要性很多时候并不相同。因此学者又提出以下两种假设。第一个假设是 the global inhibition

hypothesis，该假设认为主要的分类维度的群体刻板印象将会超过次要的分类维度的群体刻板印象。以老年富人为例，在评价老年富人目标时，要么穷富分类的主效应显著，要么年龄分类的主效应显著，这两个单维分类之间并不发生相互作用。第二个假设是交叉分类假设，该假设认为各个类别维度的主效应都显著，并且也存在交互作用。例如，人们对老年黑人的刻板印象是相对积极的。这是因为人们对黑人的刻板印象是攻击和暴力的，但是对老年人的刻板印象却是和善的，人们对老年人的热情的刻板印象降低了对黑人的消极刻板印象，即两个单维分类发生了交互作用共同影响了对交叉分类目标的刻板评价。不管是 the global inhibition hypothesis 成立，还是交叉分类假设成立。单维分类权重比较是进一步探讨“人们对多重分类目标印象评价”的一个重要的研究领域。

1.3.1　单维分类本身的重要性

1.3.1.1　自然线索的分类

自然线索分类（性别、年龄、种族）是人们进行社会分类的最基本维度，这些自然分类具有明显的外显特征，主要表现在面孔、身材和服饰等外部表征上，人们可以通过眼睛快速识别目标的自然线索分类，并且这一过程是自动化、无意识、不被察觉的过程。正是因为自然分类的快速自动识别过程，导致自然线索分类维度在人们对他人进行评价的初始阶段起着非常重要的作用（Dovidio，Kawakami，Johnson，Johnson，& Howard，1997；Fisk et al.，1999；Ma & Correll，2011；Weisman，Johnson，Shutts，2015）。很多研究均证实了自然线索分类在对陌生人的印象评价中的重要性，社会心理学家和发展心理学家分别从不同角度提供了研究证据。例如，一系列社会心理学研究表明，人们会自动依赖于新个体的性别、种族和年龄这些自然分类进行快速分类判断，并且会根据性别、种族和年龄分类对目标进行评价和行为推断（Donders，Correll，& Wittenbrink，2008）。发展心理学的大量研究也指出，儿童通常会首先对他人的性别、种族和年龄信息加以感知，并根据这些类别选择游戏伙伴，并且进行推理判断（Baron & Banaji，2006）。

性别、种族和年龄三类自然分类维度的优先效应均得到了实验研究的证实，但这三类自然分类的功能重要性也各不相同。研究表明性别分类的功能重要性更大，性别分类直接影响儿童对目标的知觉、评价和伙伴选择偏好（Ruble，Martin，& Berenbaum，2006；Yee，& Brown，1994）。研究表明3岁儿童便会按照人们的性别分类而非种族分类来选择玩伴（Shutts，Roben，& Spelke，2013），其他研究也证实在分类编码与分类偏好任务中，性别分类的作用是高于种族分类的（Weisman，Johnson，& Shutts，2015）。

事实上，自然分类维度的功能重要性并不是稳定不变的，会随着评价者的发展而变化。研究表明两三岁的儿童并不会根据种族信息去分享自己的玩具（Kinzler & Spelke，2011）或者选择朋友（Shutts，Roben，Spelke，2013），然而5岁的儿童开始表现出自己内种族群体的外显偏好。因此我们推测种族分类大概在2至5岁儿童中开始慢慢发挥作用（Kinzler & Spelke，2011）。

此外，单维分类的功能重要性也会随着具体交叉分类目标不同而变化，以年龄和性别交叉分类为例，人们对女婴和年轻女性的知觉与评价中女性分类的功能重要性不尽相同，人们对婴幼儿的性别分类较少关注，但是能快速识别青年人的性别分类信息（Cloutier，Freeman，& Ambady，2014），即年轻人目标的性别分类是主要分类，而婴儿的性别分类的功能重要性下降，年龄分类成为其最突出的分类。

在中国文化背景下，因为主要都是黄种人及汉族，自然线索分类主要是指年龄分类与性别分类，因此交叉分类的研究主要涉及年龄分类与性别分类的交叉。根据现实经验和以往研究，存在两种可能的假设。第一种假设是，对于婴儿和老年人，性别维度是次要维度，年龄维度是主要维度，即婴儿和老年人是去性别化的。而对于年轻人和中年人，根据进化心理学的原理，此阶段是人类繁殖的关键时期，此时性别是主要分类维度，而年龄是次要分类维度（Cloutier，Freeman，& Ambady，2014）。第二种假设是从语言学角度来看，汉语言中对自然线索分类的交叉分类群体都有具体的称呼：老头、老奶奶、大叔、大妈、大哥、小姑娘、少年。这个称呼既涵盖了年龄信息，也包括了性别信息。因此，自然线索分类的交叉分类群体有可能是一个独立的刻板印象群体，该群体不是两个单维分类的特征的某种代数模型组合。对这类群体的评价已经形成独特的认知图示，具有其独特的刻板认识，并不是两个单维分类认识的简单叠加。

1.3.1.2 社会线索的分类

自然线索的分类因为其外部的明显表征使得其能在第一时间被他人识别并做出相应评价。但是当人们有足够的时间和精力的时候，或者在现实生活中可以更多的时间接触到这个陌生人时，人们会从更多的角度对目标进行归类（Song & Zuo，2016）。此时，我们也会关注到被评价者的社会身份（职业、穷富等）和文化身份（中国人）等社会线索的分类。社会线索的分类维度主要是指目标的社会身份（职业、穷富）和文化身份（中国人）等（Song & Zuo, 2016），社会线索的分类维度也是影响社会认知与评价的重要分类维度。

贫富分类是日常生活中人们比较关注的其中一个社会线索的分类维度。贫富分类常常通过衣着打扮、身份谈吐等外部特征和心理行为方面反映出来，但是只依靠这些信息并不能完全准确地判断贫富信息。社会学家也关注贫富分类，并开展了一系列研究，很多研究指出人们对高社会经济地位的个体存在明显偏好。例如，调查研究指出 4 至 6 岁的儿童通常更喜欢与具有学校用品、衣服和房子等能传达出更多财富信息的儿童交朋友（Shutts et al.，2015；Shutts et al.，2016）；并且儿童对具有更多资源的其他儿童给予更高的评价，认为这些儿童是友好的、善良的、聪明的（Li，Spitzer，& Olson，2014）。此外，能够间接反映社会经济地位的分类中也发现了同样的偏好，研究调查显示人们认为社会经济地位较高的白人要比社会地位较低的黑人更富有 / 更有能力。中国存在的地域偏见本质上是高社会经济地区的人对低社会经济地位地区的人的偏见、歧视。

较少研究比较自然线索分类与社会线索分类的功能重要性，但是 Song 等人（2016）研究指出在热情评价中年龄分类的功能重要性高于穷富分类，而在能力评价中穷富分类的功能重要性高于年龄分类。

1.3.2　对多重分类目标评价过程中单维分类功能重要性的影响因素

在对多重分类目标的感知中，不管多个单维分类的具体代数模型是什么以及它们的相互作用模式是怎么样的，各个单维分类的相互作用共同影

响了我们对多重分类目标的评价。各个单维分类有着自己不同的特点影响了该分类的权重和功能重要性。此外，研究指出单维分类的心理重要性和相对可接近性共同影响着各个单维分类功能重要性以及对该多重分类目标的评价。具体而言，情境因素影响分类信息的激活，决定单维分类的可接近性。评价者对某个分类的刻板认知影响刻板印象信息的激活，决定单维分类的心理重要性。因此评价者的刻板认知和具体的情境因素共同影响多重分类刻板印象评价中单维分类的功能重要性，并进一步影响对多重分类目标的评价（Crisp & Hewstone，2006）。

1.3.2.1　评价者的态度对单维分类权重的影响

自我归类理论指出，评价者对单维类别的刻板印象强度会影响该分类的心理意义重要性，而具有更重要心理意义的单维分类是评价交叉分类群体的主要分类（dominate category）（Turner & Reynolds，2011）。评价者对某个单维分类的刻板印象强度越高，刻板信息越容易被激活，该分类在评价中发挥越高的功能重要性，对交叉分类目标的评价的作用越大。因此对于不同的感知者，对相同目标的评价过程中的主要分类可能并不相同（Turner & Reynolds，2011）。

在对多重分类目标的刻板印象评价中，最相关的、最容易接近（accessible）的单维分类常常容易突出出来，而被感知者识别（Bodenhausen，2010）。当情境信息没有提供时，这种可接近性的程度主要受到两个与感知者的态度相关的因素的影响：① 感知者本身对多个单维分类的刻板印象强度。在对多重分类群体的评价中，感知者具有比较强的刻板印象的那个分类常常是对多重分类个体评价过程中最主要的分类。比如，以往研究指出一个目标既是赌徒又是篮球运动员时，因为人们总是对赌徒具有比较强的刻板印象评价，因此赌徒成为这个人的最重要的标签（Crisp & Hewstone，2006；Fazio，Jackson，Dunton，& Williams，1995）。然而以往研究只关注了上述社会身份，这些研究结果的普及性有限。② 影响可接近性的程度的第二个与感知者的态度有关的因素是感知者过去将他人进行分类的经历，如果感知者习惯按照某一个维度将人们分类，在此之后的一段时间里，感知者仍然倾向于使用这个维度进行分类（Crisp & Hewstone，2006）。

评价者的个人身份信息和成长经历皆会影响刻板印象强度。人们总是能够快速识别出内群体成员，认为内群体成员是多样化、个体化和低刻板的，而外群体成员是去个性化的和高刻板的。自我激活模型指出多重分类对刻板印象的影响过程中，评价者自我扮演着重要作用，评价者自我信息（个体自我概念所包含的群体身份、人格特质等信息）与多重分类后的评价对象信息的匹配与一致性会影响个体刻板认知的激活与刻板印象程度强弱，进一步影响个体对多重分类群体的刻板印象（Crisp & Hewstone，2006）。

评价者的个人状态也会影响刻板印象强度以及单维分类的重要性。本书以对比思维和情绪为例关注评价者的个人状态对单维分类重要性的影响。评价者的对比思维类型会引导他们关注不同的分类信息。对比思维是指个体在评价目标过程中使用的思维习惯，它包括关注目标与评价标准之间差异的“差异对比思维”和关注目标与评价标准之间相似性的“相似对比思维”（Mussweiler，2001；Mussweiler，2003）。以往实证研究表明对比思维会影响刻板印象（Mussweiler & Damisch，2008），差异对比

思维的知觉者的刻板印象程度要低于相似对比思维的知觉者（Corcoran, Hundhammer, & Mussweiler, 2009）。我们推测当评价者处于差异对比思维时，倾向于关注自己和多重分类目标的差异的分类。然而当评价者处于相似对比思维时，倾向于关注自己和多重分类目标相似的分类。

情绪也会影响评价者关注多重分类目标的不同分类。当评价者处于积极情绪的时候，倾向于关注目标的积极方面，而评价者处于消极情绪的时候，倾向于关注目标的消极方面。因此我们推测，当评价者关注多重分类目标时，积极情绪下人们会关注刻板印象比较积极的分类，而消极情绪下人们会关注刻板印象比较消极的分类。

此外，情绪也是影响刻板印象表达的重要因素（Huntsinger, Sinclair, Dunn, & Clore, 2010; Huntsinger & Sinclair, 2009; 王美芳，杨峰，顾吉有，闫秀梅，2015）。已经存在大量研究证实了积极情绪能够增加刻板印象，积极情绪的知觉者会采用快速的加工策略，认知判断为自动化的加工过程，积极情绪的个体倾向于整体定向（global focus）（Fredrickson & Branigan, 2005），注意力范围增加（Rowe, Hirsh, & Anderson, 2007），采用启发式加工策略，这使得知觉者更容易受个体偏见影响（Ruder & Bless, 2003），进而导致个体在社会认知和判断过程中常常依据性别、种族等群体刻板印象信息（Huntsinger et al., 2009）。而消极情绪的知觉者采用详细的、系统化的加工策略，因此需要消耗更多的认知资源与时间（Storbeck & Clore, 2005）。消极情绪的个体倾向于局部定向，注意力范围减少，采用项目为基础的加工策略（item-based processing），使得知觉者根据目标个体的行为表现对目标进行评价（Krauth-Gruber & Ric, 2000），而不会依据群体刻板印象来评价目标（Huntsinger et al., 2009）。以往研究指出积极情绪条件下的人们的刻板印象程度要高于消极情绪条件下的(Huntsinger, Sinclair, Dunn, & Clore, 2010)。

1.3.2.2　情境因素对单维分类权重的影响

情境因素会影响人们对多重分类目标的刻板评价。人们对多重身份个体的评价常常依赖于情境，体现出一定的灵活性（Bernstein, Young, & Hugenberg, 2007; Gillespie, Howarth, & Gornish, 2012; Kinzler, Shutts, & Correll, 2010）。平行满意模型（The parallel constraint satisfaction model）则认为人们对被评价者的评价是基于在评价过程中激活和抑制了不同的刻板印象联系网络，并且这种联系会随着情境的变化而变化（Kunda, Sinclair, & Griffin, 1997）。因此单维分类权重问题需要考虑在具体情境下分析。

（1）情境中最突出的分类是主要的分类

单维分类在情境中的可接近性和突显性会影响该分类的权重，人们总是倾向于选择某一情境下该目标最突出的分类来定义和标签该目标。中国人看到黑人会快速提取其黑人特征，而生活在非洲地区的人则不会使用黑人身份特征来定义他人，因为此特征已经不再具备独特性和区分性。如果一名白人女性在黑人女性群体中，那么种族信息就更易接近（accessibility）和突显，而一名白人女性在白人男性群体中，性别信息就更突显，进而影响到对该目标的评价（Van Rijswijk & Ellemers, 2002）。社会分类的情境线索也能有启动作用，以往研究证实，当向被试呈现了长城的文化表征图片后，被试更倾向于采取国民（中国人）类别进行社会分类（Deaux, 2012）。

此外，某一个分类分成的两个群体出现意见分歧时，该分类在此情景中也是突出的，此时该分类是主要的分类（特纳，2001）。例如，当两个班级在进行拔河比赛时，虽然每个班级里面均有男生和女生，并且每个班级里同学的年龄、民族、户籍各不相同，但是在这场拔河比赛中，班级是主要的分类维度。因此，某一分类区分的两个群体处于对立面，或者单纯地将人分成了你们和我们时，这个分类是当下情境中最突出的分类。以往研究采用被试间设计，让被试观看五个情境的其中一个。第一种情境：1个男性与其他5人（2男，3女）的意见不一致。第二种情境：2个男性与其他4人（1男，3女）意见不一致。第三种情境：3个男性与3个女性意见不一致。第四种情境：2个女性与其他4人（1女，3男）意见不一致。第五种情境：1个女性与其他5人（3男，2女）意见不一致。研究发现在第三种情况下被试的性别刻板印象最高。该研究证实了当某一个分类区分的两个群体出现意见分歧时，或者站在对立面处于竞争关系时，这个分类是主要的分类，这个分类的刻板印象最高（特纳，2001）。然而这个研究只关注被评价者的单维分类（性别分类），没有考量被评价者的多重身份，没有突出被评价者的其他分类信息，也没有辩证地比较主要的分类会随着出现分歧的分类的不同而变化。

（2）情境中评价者的动机会影响分类权重

多重分类目标评价中的单维分类的权重大小会受到具体情境变化影响（Crisp & Hewstone，2006；Kunda，Sinclair，& Griffin，1997）。在不同的情境下，评价者的认知和评价动机各不相同，单维分类的权重也有可能发生变化，即人们会关注不同的分类信息，进而产生的评价也各不相同（Casper，et al.，2011；Casper，Rothermund，& Wentura，2015）。与任务联系更紧密的维度应该是影响刻板评价的主要分类维度，而与任务联系不紧密的是次要的分类维度。比如在一个性别相关的任务中，性别维度的重要性更大，而在一个追求经验的任务中，年龄的维度重要性更大（Bodenhausen，2010）。我们有必要探讨在何种情境下，某个分类的刻板印象激活，另一个分类的刻板印象抑制，而导致某一个分类是主要的分类；又在何种的情境下，另外一个分类是主要的分类。

（3）被评价者的具体行为对分类权重的影响

被评价者的具体行为也是一种情景因素，会影响单维分类的重要性。基于刻板印象内容模型，目标的具体行为可以涉及能力和热情两个维度。目标个体的具体行为对单维分类权重的影响需要区分矛盾的交叉分类目标和一致的交叉分类目标。所谓矛盾的交叉分类目标是指人们对两个单维分类的刻板印象评价的方向相反，比如年轻穷人是矛盾的交叉分类目标，人们对年轻人的刻板印象是高能力和低热情的，但是对穷人的刻板印象是低能力和高热情的。而对于一致的交叉分类目标，人们对两个分类的刻板印象评价的方向是一致的。当评价一致的交叉分类目标时，我们推测，此时刻板印象强度仍然是决定主要分类的关键因素，即刻板印象强度高的分类是主要的分类。

在对矛盾的交叉分类目标的评价中，因为人们对两个单维分类的刻板印象方向不一致，因此当被试做出有倾向性的行为时（高 / 低热情 / 能力），该行为符合某一个单维分类的刻板预期，而不符合另一个单维分类的刻板预期。我们推测刻板预期一致的分类和刻板预期不一致的分类会同时出现在感知者脑海中，但是这两个分类对感知者的影响的强度并不相同（Song & Zuo，2016）。

Turner 等人（1987）研究表明多重分类目标行为符合某一个分类的刻板预期时，这个分类是主要的分类维度，因为此行为会指导着人们关注具体的分类。然而大量的研究指出不符合刻板预期的分类常常会受到更多关注（Bettencourt，Dill，Greathouse，Charlton，& Mulholland，1997；Dickter & Gyurovski，2012；Garcia-Marques，Mackie，Maitner，& Claypool，2016；Jerónimo，Volpert，& Bartholow，2016）。与预期不一致的信息更容易引起注意，也更容易让个体记住和回忆。如果你预测某一个人是一个很热情的人，那么你就会对他的冷漠行为有更加深刻的记忆。对于不符合刻板预期的行为，感知者常常需要付出更多的认知努力（Jerónimoet al.，2016），解释这些“错误的描述”（违反刻板预期的行为），将这种违反预期的目标作为一个特例去感知，为其寻找更多的外部解释和归因（Sekaquaptewa & Espinoza，2004；Sekaquaptewa，Espinoza，Thompson，Vargas，& von Hippel，2003），使得这种与刻板印象预期不一致的行为符合个体的刻板印象。此外，标准转化模型指出我们对某个群体的评价常常是结合我们对该群体的刻板预期为评价标准的。感知者会做出更极端的评价（Biernat & Vescio，2002）或者使用极端的语言来描述做了违反刻板预期的目标个体（Burgers & Beukeboom，2014），并通过这种方式来维持刻板印象。基于此，并且我们推测，在对矛盾的交叉分类群体的评价中，违反刻板预期的分类可能是主要的分类。

1.4　多重分类目标自我评价中单维分类的权重比较

人们对他人进行分类的同时（Dovidio & Gaertner，2010），也在对自我进行归类（Leonardelli & Toh，2015）。自我概念会同时受到个体自我

（personal self；个人的兴趣爱好、价值观、人生目标等）和群体自我（the group self；个体的群体身份）的影响。在进行自我介绍的时候，人们不仅会列出个人特征（如个人兴趣、性格特点），而且会列出群体身份（如性别、年龄、家乡等信息）。个体自我和群体自我共同构成了社会自我（the social self），其中个体自我和群体自我的权重受到情境的影响，在强调社会认同的环境中，人们对自我的认识主要集中在群体自我层面，而在关注个体本身特点的环境中，人们对自我的认识集中在个体自我层面。因此社会自我的两个极端，其一是个体自我，其二是群体自我。

在认知层面上人们所属的内群体已经成为自我概念的一部分。自我归类理论（Turner，2010）指出使用群体身份评价自己是通过内群体的刻板原型同化自我的过程，即自我刻板化（self-stereotyping）。个体自我经过去人格化的过程转变为群体自我，成为某个群体的成员，并根据这个群体的成员的典型特征来定义自己（严磊，2017）。

每一个人都同时拥有多个群体自我，均是多重分类个体。作为多重分类目标的我们进行自我刻板评价时的过程与对多重分类目标评价的过程是一致的，包含了分类信息的突出，以及分类相关刻板印象的激活两个过程。但是在进行自我刻板评价时又会存在其独特的机制。

较少有研究关注多重分类目标的自我刻板评价，只是有研究探索了身份显著性效应（identity salience），研究指出突出被试的不同身份，会影响被试对自己的态度和评价，并且会影响被试的行为表现（吴小勇，杨红升，程蕾，黄希庭，2011）。根据我们文献检索所知，并没有研究关注在多重分类目标自我刻板评价时的各个单维分类的权重问题，即多重分类目标更倾向于使用哪一个单维分类来定义和标签自己。

Turner（2001）指出自我刻板化时的分类并不是目标所属的客观群体，而是目标自愿接纳的心理群体。因此，多重分类目标自我刻板评价时，群体认同是一个重要的个人因素，举例来说，即便年轻男性目标认为男生的能力刻板印象高于年轻人的，但是如果自己并不认同自己的男生身份，这个分类并不会成为主要的分类。此外，情境依然会影响交叉分类目标自我刻板评价时两个单维分类的权重大小。

1.4.1 多重分类目标自我刻板评价时的分类权重大小：分类的群体认同的影响

在对多重分类目标的评价中，人们对单维分类的刻板印象强度是影响单维分类权重的关键因素（Bodenhausen，2010）。但是多重分类目标自我刻板评价时，群体认同是影响分类权重的关键因素。面对自己的多重身份，出于个体的自我保护本能，人们常常选择自己更加认同的群体来定义自己。自我归类理论指出自我认识与判断中的群体自我本质是心理群体。人们主观上自愿将自己与这一群体联系起来，接受这个群体的身份，接受群体的价值观，按照此群体规则行动。

Turner（2010）也指出自我概念中的群体并不是目标客观上所属的群体（membership group），而是一个（积极的）参照群体（reference group），是个体主观上认为很重要的群体，自己更愿意成为的群体。大部分人都希望从积极的角度看待自己，努力提高自己的自我观，积极努力地保持和证实他们作为有价值个体的自我感受。我们都试图将我们的自我概念转向那些看上去与成功联系在一起的特征，贬低那些我们不具备的能力的重要性，甚至贬低他人以让自己在社会比较中看起来更好更优秀。总之，我们倾向于以高度积极的方式看待自我。因此人们在自我归类中，常常将自己归为更积极的分类群体中，主动放弃那些具有消极刻板印象的分类。

1.4.2　多重分类目标自我刻板评价时的分类权重大小：情境的影响

1.4.2.1　自己所处的情境对单维分类重要性的影响

在多重分类目标自我刻板评价时，独特的、清晰的、突出的分类应该是影响自我评价的主要分类。例如，一个白人女性目标，如果她在一个黑人女性群体中，此时她能够明确意识到自己的种族身份，此时种族维度是最突出、最清晰的分类。而她在一个白人男性群体中时，性别维度则成为最独特最清晰的分类（Crisp & Hewnstone，2006）。此外，群体意见的分歧和对立竞争关系也会让此分类更加突出，如果穷人群体与富人群体意见存在分歧，此时穷富维度是主要的分类维度。需要说明的是，与对多重分类目标评价的分类权重不同，在多重分类目标自评时的分类权重的分析中，如果穷人是主要的分类维度，人们在自我评价过程中对穷人的态度和评价是偏向于积极面的，关注于穷人纯朴、善良、有爱心的一面。而在对多重分类目标进行评价时，穷人作为主要的分类时，会被认为是有多面的，虽然热情高、但是能力低，不注重打扮。这种差异也是源于人们总是倾向于积极地评价自己，关注自己的积极面。

1.4.2.2　行为对单维分类重要性的影响

Crisp 提出相符原则，即当具有多重身份的个体做出某一行为时，与该行为相符的分类是突出的分类，所谓与该行为相符是指某一身份的人被刻板地认为做出这样的行为是合情合理的（Turner et al.，1987）。比如一个人在化妆，我们自然联想到她是女性，一个人看韩剧感动得哭了，通过这个行为也能够联想到该目标的女性身份。基于以上内容，我们推测，当让被试想象自己的某一行为时，如果该行为是与年轻人维度相关，那么此时年轻人这个单维分类是突出的、可识别的，是主要的分类维度。此外，我们认为这种相符原则成立的前提条件是被评价者的多重身份并没有被明确提出来。

我们关注群体内其他成员的行为对单维分类权重的影响。社会生活中消极的群体刻板印象可能会导致污名群体出现社会认同威胁（Cohen & Garcia，2005；Davies，Spencer，Quinn，& Gerhardstein，2002；Steele，Spencer，& Aronson，2002），社会认同威胁会诱发一系列消极的情绪反应（比如羞耻感等），并且影响群体成员的自我评价、自尊和群体认同（Schmader，Johns，& Forbes，2008）。已有实证研究证实暴露在消极刻板印象的社会情境中会诱发社会认同威胁，这种威胁会引起群体身份羞耻感和内隐自我评价降低（Schmader，Block，& Lickel，2015）。国外学者针对墨西哥裔美国人和印第安人开展了较多的研究论证社会认同威胁。研究指出与其他群体相比墨西哥裔美国人更有可能被刻板地认为是低社会经济地位的和低智力的（Mastro，Behm-Morawitz，& Ortiz，2007）。电视媒体中墨西哥裔美国人出现的比例相对较低（Mastro & Tukachinsky，2012），并且常常扮演罪犯的角色，这种大众媒体中的消极刻板原型会让墨西哥裔美国人产生认同威胁。实验研究证实当墨西哥裔美国观众观看了墨西哥裔美国人受嘲笑的视频以后，群体身份自豪感降低（Schmader，Block，& Lickel，2015）。也有研究发现让墨西哥裔美国人回忆其他内群体成员做了刻板行为时会产生羞耻感（Schmader & Lickel，2006）。此外，Fryberg 等人（2008）指出哪怕只是简单地呈现印第安人的运动会吉祥物都会诱发认同威胁而进一步导致低自尊。由此可知与消极刻板印象有关的众多线索均能够诱发内群体成员的社会认同威胁。因此，我们推测群体内成员的消极刻板行为会降低目标对相应分类群体的认同，降低该分类在自我评价中的权重。

以往相关研究主要是关注单维分类群体（只含有一个身份：墨西哥裔等），本研究拟关注交叉分类目标。对于交叉分类目标，突出某一个群体身份会诱发相应的行为表现。亚洲人被刻板地认为擅长数学学习，而女性则被刻板地认为不擅长数学学习（Song，Zuo，& Yan，2016；Song，Zuo，Wen，& Yan，2017），亚洲女性具有这种矛盾的刻板认识，导致当突出其亚洲人身份时她们在数学测验中的表现好于突出其女性身份时的表现 Shih，Pittinsky，& Ambady，1999）。

基于以上内容并结合社会认同威胁理论，我们推测呈现不同群体身份的消极刻板印象信息会诱发不同群体身份的威胁。具体来讲，对于年轻穷人目标，呈现年轻人冷漠无情的消极刻板印象会诱发该目标对年轻人群体的认同感降低、羞耻感增加，并且自我热情评价降低，最终导致年轻人分类在被试自我评价中的功能重要性降低。呈现穷人低能力的消极刻板印象会诱发该目标对穷人群体的认同感降低、羞耻感增加，并且自我能力评价降低，最终导致穷人分类在被试自我评价中的功能重要性降低。基于此，我们推测某一个分类的群体成员做了积极的事情时（高热情或者高能力），在自我评价中该分类的重要性会增加。而某一分类群体成员做了刻板的消极事情时（低能力或者低热情），这种群体消极刻板行为会导致个体的自我价值感降低，社会身份受到威胁 （Steele，Spencer，&Aronson，2002；

Schmader，Block，&Lickel，2015），为了提高自尊心，寻求补偿，目标自我刻板评价时该分类的重要性会降低。

此外，我们关注群体内成员的刻板行为影响单维分类权重的机制，进一步探索其中可能存在的中介变量。身份典型性是指被试认为自己是某个群体中典型一员的程度。我们推测如果某个分类的群体内成员做了积极刻板行为，可能会增加该分类的身份典型性（认为自己是这个群体内的典型一员），进而导致这个分类的权重增加，成为主要的分类。而强调某一分类的群体内成员的消极行为，给内群体成员的社会身份带来威胁（Schmader，Block，&Lickel，2015），则有可能会降低该分类的身份典型性，人们采用“我并不是该分类的典型成员”的策略来减轻自己的身份威胁，缓解身份威胁带来的焦虑情绪，导致这个分类的权重降低，成为次要的分类。基于此，我们推测身份典型性在内群体成员的积极刻板行为和分类权重的关系中起到中介作用。

群体认同是指人们对某一个群体的认同程度（Tajfel，1972）。自我归类理论指出群体认同是源于人们的自我提升（self-enhancement），通过群际比较来获得内群体的积极评价，获得自尊提高（殷荣，张菲菲，2015）。因此我们推测如果某个分类的群体内成员做了积极刻板行为，会增加多重分类目标对该分类群体的认同，进而导致这个分类的权重增加。而强调某一分类的群体内成员的消极行为，则有可能会降低该分类的群体认同（Schmader，Block，&Lickel，2015），导致这个分类的权重降低。因此，我们推测群体认同在内群体成员的积极刻板行为和分类权重的关系中起到中介作用。

身份自豪感是指目标因为自己的某一个群体身份而感到非常的自豪

（Schmader & Lickel，2006）。以往研究指出观看群体内成员的消极行为会导致个体的群体身份受到威胁，导致群体身份自豪感降低（Schmader，Block，&Lickel，2015）。因此我们推测如果某个分类的群体内成员做了积极刻板行为，可能会增加多重分类目标对该分类的身份自豪感，进而导致这个分类的权重增加。而强调某一分类的群体内成员的消极行为，则有可能会增加该分类的身份羞耻感，导致这个分类的权重降低。因此，我们推测身份自豪感在内群体成员的积极刻板行为和分类权重的关系中起到中介作用。总结而言，身份自豪感、身份典型性和群体认同在内群体成员的积极刻板行为与单维分类权重的关系中起到了中介作用。

第 2 章　问题提出与总体设计

2.1　研究内容

2.1.1　以往研究不足

以往关于单维分类对多重分类目标评价的研究存在以下不足。

第一，以往研究提出单维分类的心理重要性不尽相同，但是缺乏对各个单维分类的功能重要性的实证研究和系统比较，这些研究常常比较某两个单维分类，没有系统地同时比较多个单维分类。并且，这些研究中，单维分类功能重要性分析所依据的测量指标多种多样，包括婴儿的注意时长、对面孔分类信息的识别速度和准确性、分类信息编码和分类社会偏好、交友意愿、归类意愿和刻板印象评价等。以往研究采用了纷繁复杂的研究方法来研究单维分类功能重要性这一问题。Cloutier，Freeman，& Ambady（2014）使用身份识别任务来比较人们对不同分类的识别速度。还有一些研究采用归类任务（被试会看到一组照片，并且必须将该照片归入某个群体中）研究单维分类功能重要性（Yee & Brown，1994）。Weisman，Johnson，& Shutts（2015）运用记忆混乱任务比较性别和种族的重要性（被试会接触多个目标，每个目标都会表达不同的内容，被试需要根据自己的记忆回想哪一句话是由哪一个人说出来的）。此外，Shutts，Roben，& Spelke（2013）使用社会偏好任务来回答人们是根据性别还是种族分类来决定跟谁交朋友。Song，Zuo（2016）则是使用刻板印象评价任务回答在评价老年富人目标时，哪一个分类的作用更大。总结而言，以往很多学者使用了不同的任务来比较不同分类的功能重要性，这也导致很多研究结果没有可比较性。然而，即便采用了相同的实验研究，以往研究也发现了矛盾的结果。当关注对多重分类目标的面孔信息识别时，有研究显示被试对年龄信息的识别速度最快、准确性更高（Zhao & Bentin，2008），但是也有学者指出人们对种族信息的识别速度远远高于性别和年龄信息（Johnson & Fredrickson，2005）。这可能是因为虽然研究任务相同，但是不同的研究中被试的身份信息并不相同，所采用的研究材料也大不相同。基于此，本研究拟在这些方法的基础之上对研究方法进行归类和优化以分析单维分类的功能重要性。

第二，以往交叉分类的研究常常是关注自然分类维度的交叉，比如种族与性别（Schug，Alt，& Klauer，2015）、种族与年龄（Kang et al.，2014），或者年龄与性别（Cloutier，Freeman，& Ambady，2014），缺乏对社会分类维度的关注；此外，学者们开始关注交叉分类研究的生态效度问题，提出应该重视多个维度交叉的群体身份（multiple categories membership），目前，交叉分类的含义扩展成了根据两个或两个以上维度来划分群体的过程，因此还必须考察多维度交叉目标。

第三，以往研究采用 ERP 技术探索刻板印象动态激活过程，指出 P2 和 N2 反映分类信息的激活（Jia et al.，2012），但尚没有关注人们对多维交叉分类目标知觉时的脑电活动。

第四，单维分类对多重分类评价的相关研究缺乏理论总结和机制探索，没有系统论述“评价者认知”和“情境”的作用机制。Crisp & Hewnstone（2006）总结指出评价者对各个分类的认知和情境因素会影响单维分类的功能重要性和对多重分类目标的知觉与评价。评价者的认知主要是指评价者对各个分类的刻板评价强度，这受到评价者的个人身份信息、评价者的情绪和对比思维等的影响。情境因素包括目标所处的刻板情境、被评价者的具体行为等。

第五，学者一直在探索人们对自我的认识、判断与评价，然而自我评价中对自己多重身份的关注却仍然不足。只是有少数研究指出诱发人们关注自己的不同分类身份，会影响个体的行为表现。这些研究证明了个体的某个身份的可接近性会影响个体行为，突出自我的不同身份会影响个体对自己的态度和个体的行为倾向（Crisp & Hewnstone，2006）。但是相关的实证研究还是非常局限，并没有进一步分析多重分类目标自评时的多个单维分类身份哪一个更加突出，以及自我刻板印象评价时突出分类随情境变化的机制。因此我们有必要关注多重分类目标自我刻板印象评价时单维分类的权重问题。

针对这些疑问与不足，我们将集中研究两个问题。

第一个问题为对多重分类目标进行刻板评价时单维分类的功能重要性分析。主要关注以下三个内容：第一，结合自然分类与社会分类维度，关注两个以上维度多重分类目标，从多角度（面孔知觉、归类偏好和特质行为评价）、多层面（行为和生理证据）系统研究单维分类维度的功能重要性，探索单维分类对多重分类目标社会知觉的影响；第二，从评价者的认知层面深入考察单维分类的刻板认知强度对多重分类知觉与评价的影响及作用机制，探索评价者身份与多重分类目标信息匹配程度在其中的影响，分析评价者的对比思维和情绪对单维分类功能重要性的影响；第三，从情境层面深入考察情境对多重分类目标评价的影响及作用机制，分析情境在单维分类与多重分类目标评价关系中的作用。

第二个问题是关注多重分类目标进行自我刻板评价时单维分类的功能重要性分析。主要包括以下三个内容：第一，关注多重分类目标的分类群体认同对分类权重的影响；第二，关注多重分类目标所处的情境对自我刻板印象评价时的分类权重的影响；第三，关注内群体成员的刻板行为对多重分类目标自我刻板评价时的分类权重的影响。

2.1.2　研究目标

单维分类对多重分类目标知觉与评价的影响为本项目要探讨的科学问题，遵循“问题—假设—验证”的研究逻辑。首先通过国内外文献综述和理论研究，在多重分类目标评价中将单维分类的功能重要性进行系统排序，探索单维分类影响多重分类知觉与评价的作用机制，建构单维分类影响多重分类的双路径认知评价模型，通过一系列实验对模型及其相关方面进行验证和完善。

双路径认知评价模型（见图 2–1）认为单维分类影响多重分类知觉与评价过程中，评价者的认知和情境因素扮演着重要作用。在对多重分类目标的外部线索知觉和态度及特质评价时，多个单维分类的刻板认知被激活并相互影响，但是随着情景不同，被激活的单维分类也不尽相同。① 当评价者评价多重分类目标时，在认知层面，评价者对单维分类的刻板印象强度影响对多重分类目标的知觉与评价，评价者对单维分类的刻板印象强度越

高，该分类的刻板印象信息越能被激活，越能发挥更大的功能重要性，从而影响对多重分类目标的知觉与评价，且评价者的身份信息与被评价目标身份信息的匹配在其中会起到调节作用。在情境层面，情境中独特的、具有区分性的单维分类更易接近，评价动机与意图会导致与任务紧密相关的分类维度更易接近，并且，刻板预期违背的单维分类更易被知觉，这些单维分类信息被激活并影响对多重分类目标的知觉与评价。② 多重分类目标进行自我刻板评价时，在认知层面，多重分类目标的分类群体认同是影响其自我刻板评价的重要因素，分类群体认同越高，该分类的刻板印象越能激活，从而发挥更大的功能重要性。在情境层面，情境中独特的、具有区分性的单维分类更易接近，评价动机与意图会导致与任务紧密相关的分类维度更易接近。

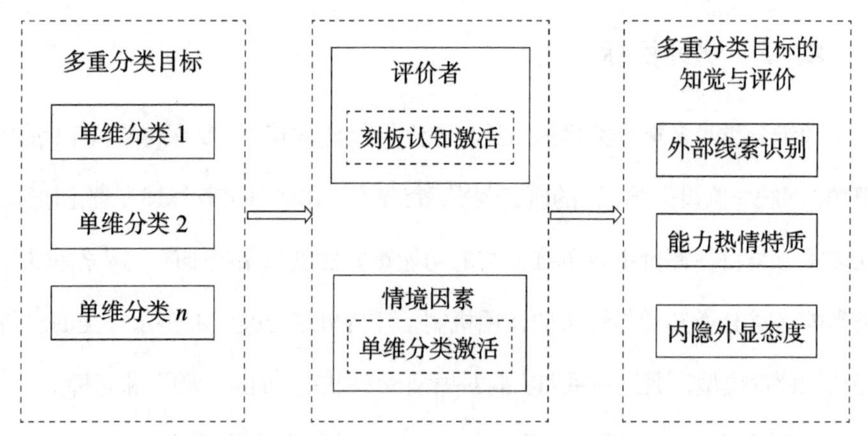

图 2-1　单维分类影响多重分类目标知觉与评价的双路径认知评价模型

2.1.3　研究内容

2.1.3.1　评价多重分类目标时单维分类的功能重要性分析

以“双路径认知评价模型”为主线，考察单维分类对多重分类目标知觉与评价的影响（见图 2-2）。

具体研究内容如下。

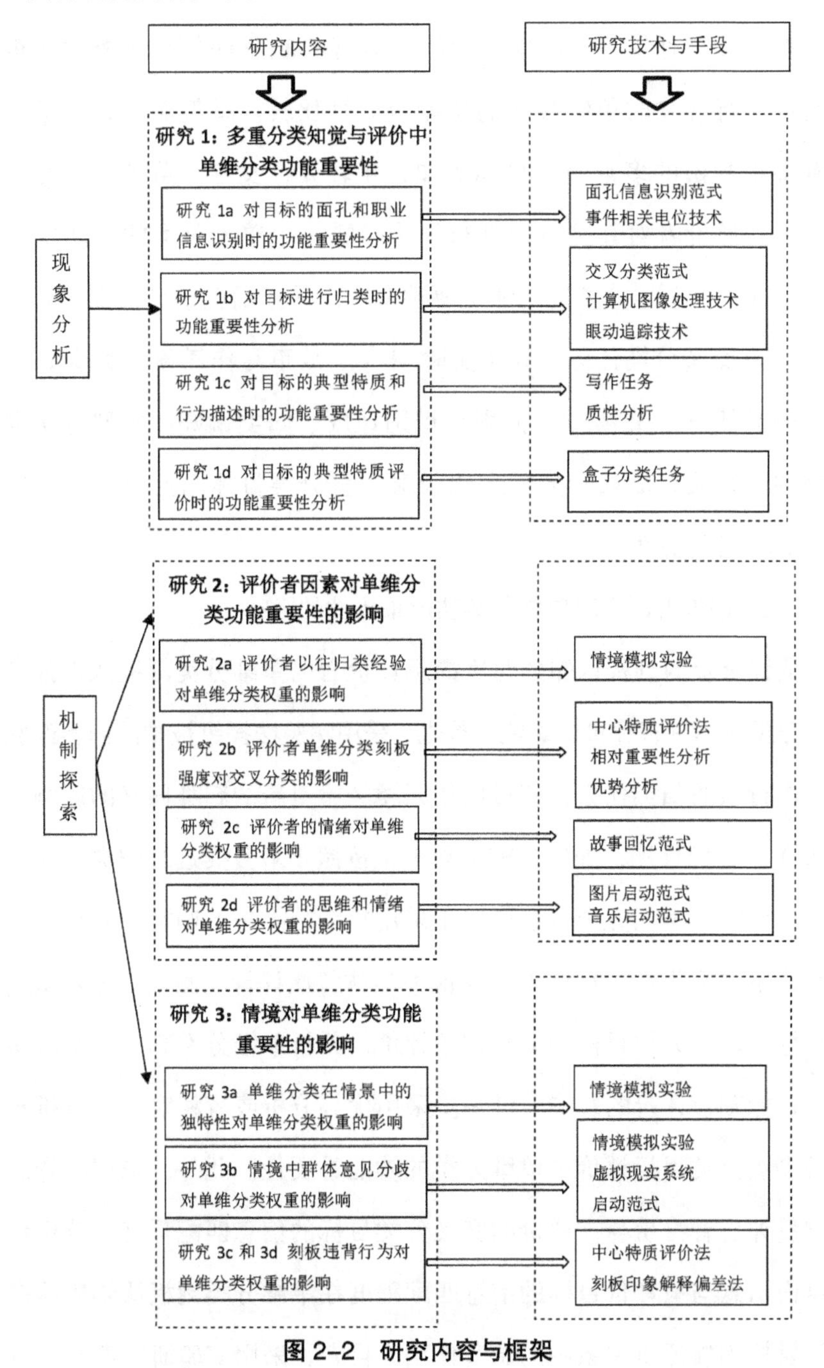

图 2–2　研究内容与框架

（1）对多重分类目标知觉与评价时单维分类的功能重要性分析

考察人们对年龄、性别、种族、穷富和职业等分类组成的多重分类目标进行感知时单维分类的功能重要性比较。举例而言，对于一个具有多重身份的多重分类目标（如，年轻人，女性，黄种人，穷人，教师），评价者对其进行知觉与评价时哪一个单维分类的功能重要性最大，哪一个单维分类的功能重要性最小。采用面孔信息识别范式（实验 1a）、交叉分类任务范式（实验 1b）、故事写作任务（实验 1c）和盒子分类任务（实验 1d）分别从识别速度、归类偏好、典型特质和行为描述、特质判断四个方面来比较对多重分类目标知觉与评价时单维分类的功能重要性。

（2）评价者因素对单维分类功能重要性的影响

从评价者的刻板认知的角度揭示评价者的单维分类刻板认识强度对多重分类目标刻板评价的影响。首先，采用实验法操纵被试的归类经验，此后进行新的归类任务，衡量以往归类经验对新的归类偏好的影响（实验 2a）。我们推测，如果先前引导被试按照年龄分类进行归类，那么被试在此后的归类任务中也会倾向于采用年龄分类进行归类。其次，采用中心特质评价范式（实验 2b）从能力热情特质评价上测量个体对单维分类目标和多重分类目标的刻板印象评价，分析单维分类刻板认知对多重分类目标刻板评价的影响，进一步采用优势分析或者相对权重分析直接比较多重分类目标评价中单维分类的功能重要性。此外，采用问卷调查法测量评价者身份与被评价的交叉分类目标的信息匹配程度，分析评价者身份信息与被评价目标的信息匹配程度在单维分类刻板认知影响多重分类目标刻板评价关系中的调节作用。再者，采用实验研究考察评价者的情绪和对比思维对单维分类功能重要性的影响（实验 2c 和实验 2d）。我们推测在单维分类对交叉分类的影响中，评价者的情绪和对比思维起到调节作用。

（3）情境因素对单维分类功能重要性的影响

关注情境对多重分类目标知觉与评价的作用机制。分别探讨情境中单维分类的独特性（实验 3a）、情境条件下的群体意见的分歧（实验 3b）对多重分类目标知觉与刻板评价的影响。采用情境实验法，操纵被评价目标所处的情境，考察情境对多重分类目标评价的直接影响，以及情境通过单维分类突出而对多重分类目标的刻板评价产生的间接作用。此外，探索情境中多重分类目标的行为对多重分类目标知觉与评价的影响，分析情境在单维分类刻板认知与多重分类目标刻板评价关系中的调节作用（实验 3c 和实验 3d）。

2.1.3.2　多重分类目标自我评价时单维分类的功能重要性分析

以“双路径认知评价模型”为主线，考察单维分类对多重分类目标自我刻板评价的影响（见图 2–3）。

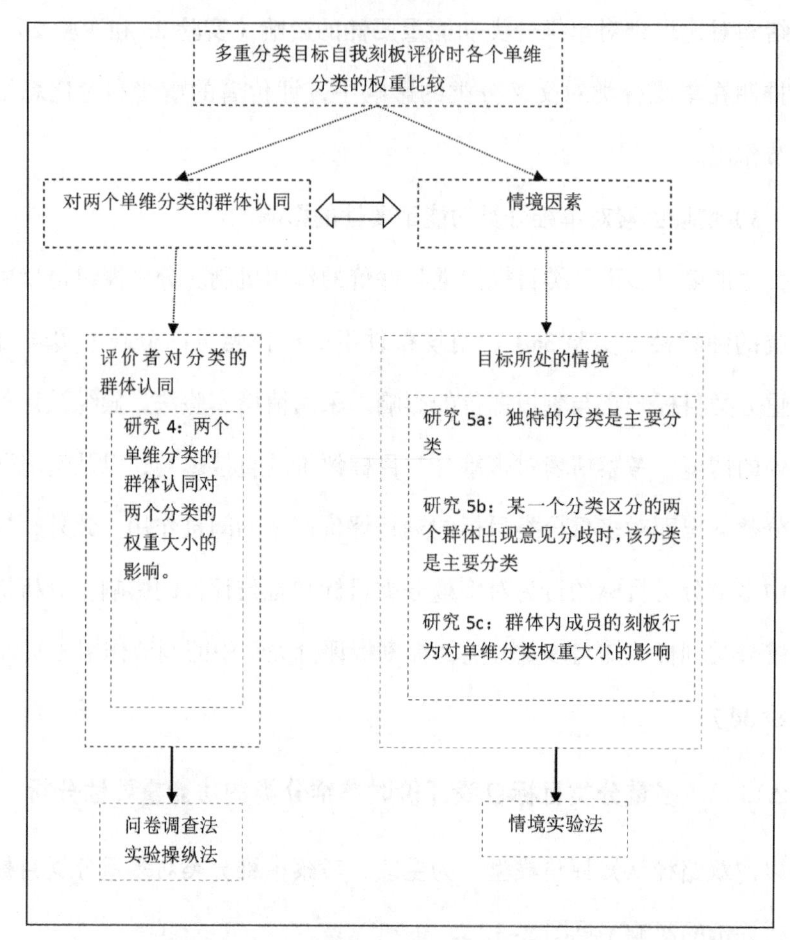

图 2-3　多重分类目标自我刻板评价时两个单维分类的权重比较

具体研究内容如下。

（1）分类群体认同对单维分类权重的影响

关注群体认同对单维分类权重的影响。采用问卷调查法（研究 4）关注多重分类目标对自己所属分类群体的认同程度对该分类的功能重要性的影响，我们推测目标自己更加认同的分类具有更大的功能重要性。比如对于一个中年女性目标，如果该目标对自己中年人分类的认同程度非常低，而对自己女性分类身份的认同程度较高，那么女性分类是该目标定义自己的主要分类。

（2）情境对多重分类目标自我刻板评价的影响

关注情境在单维分类对多重分类目标自我刻板评价关系中的调节作用。本研究中情境主要包括两种类型，第一种情境特指群体成员身份的组成类型（实验 5a），具体而言，目标自己（比如年轻女性穷人）与一群年轻男性穷人在一起，此时性别分类是更加突出的分类。第二种情境特指某一个分类区分的两个群体的意见分歧（实验 5b）。具体而言，目标自己所属的女性群体与男性群体存在意见分歧，此时性别分类是更加突出的分类，发挥更大的功能重要性。

此外，关注群体内成员的行为对多重分类目标自我刻板评价时单维分类的功能重要性比较。采用情境实验操纵被试关注某一个分类内群体成员的积极刻板行为或者消极刻板行为，或者关注另一分类内群体成员的积极刻板行为或者消极刻板行为，分析分类内群体成员的刻板行为对单维分类的功能重要性的影响，以及对该多重分类目标自我刻板评价的影响（实验 5c）。以年轻穷人被试为例，我们推测呈现其他年轻人的高能力行为会增加年轻穷人目标自评中年轻人分类的权重大小，而呈现其他年轻人的低热情行为会降低年轻穷人目标自评中年轻人分类的权重大小。即某一个分类（年轻人）的内群体成员的积极刻板行为会增加交叉分类目标（年轻穷人）使用该分类定义自己的可能性。再者，我们进一步关注这种影响的具体机制，探索身份典型性、群体认同和身份自豪感在其中的中介作用，某一分类的内群体成员的积极刻板行为会增加多重分类目标对该分类的认同，增加该分类身份典型性和身份自豪感，进而导致该分类是自我标签时的主要分类。

2.1.3.3 拟解决的关键科学问题

（1）通过一系列实证研究，对多个单维分类的功能重要性进行排序，并构建和检验单维分类影响多重分类目标知觉与评价的“双路径认知评价模型”。

（2）通过对评价者相关因素的辨析和情境的激活与操作，深入探讨评价者因素和情境因素对多重分类目标知觉与评价的影响，厘清对多重分类目标评价的具体认知过程和单维分类的相互作用机制。

2.2 研究意义

（1）研究视角方面：本项目聚焦于多重分类目标刻板评价这一社会认知领域的热点问题，扬弃了单维分类刻板印象评价的视角，结合对实际的心理现象的观察和对以往研究矛盾结论的思考考察单维分类的功能重要性，探索单维分类对多重分类目标评价的影响机制，使得研究具有崭新的理论视角和很强的生态效度。

（2）研究内容方面：构建了单维分类影响多重分类目标知觉和评价的双路径认知评价模型，从分类信息识别、归类偏好、行为和特质描述以及特质评价方面探究知觉和评价多重分类目标时各个单维分类的功能重要性，并且进一步分析评价者因素和情境因素对单维分类功能重要性的影响及其机制，具有较强的理论意义和应用价值。

（3）研究方法方面：实验设计应用情境模拟实验、实验室实验等多种方法。采用本文分析方法来分析被试的写作资料，对文本材料进行采集和编码；通过计算机图像处理技术生成各类型的面孔刺激。首次将盒子分类任务应用在交叉分类的研究中，通过盒子分类任务，定性地判断在对矛盾的交叉分类群体的评价中，哪一个分类是主要的分类。其次，采用相对重要性分析定量比较单维分类的功能重要性。再者，大量采用情境实验法，实验操纵某些变量得出变量间因果关系的结果。此外，本项目仔细研究已有外显和内隐社会认知研究方法，力争在国内外已有范式基础上，形成多重分类刻板印象研究的新的标准范式与方法，为今后的同类研究提供方法指导。

2.2.1　理论意义

研究涉及了众多有意义的研究问题：首先，拓展多重分类的研究到社会线索分类和自然线索分类的交叉，强调社会线索分类的重要性；其次，进一步关注人们对多重分类目标的感知中单维分类的权重大小，分析对多重分类目标评价的具体机制，深入了解影响对他人评价的因素；再者，同时探讨情境和评价者的态度两个因素对多重分类目标评价中单维分类权重的共同作用。上述的研究问题极大地丰富了多重分类研究的相关理论，更深层级地探讨了人们对多重分类目标的知觉和评价，单维分类的功能重要性比较，以及影响分类权重的情境因素。

最后，不仅仅关注对多重分类目标进行评价时的单维分类的权重大小，也关注多重分类目标进行自我刻板评价时单维分类的重要性比较。并且关注了分类的群体认同和情景因素对单维分类权重的影响。情境包括多重分类目标所处的具体环境，也包括内群体成员的具体行为，并且进一步探索了身份认同、身份典型性和自豪感在其中的中介作用。这些问题的回答均能够显著地完善多重分类评价中单维分类的权重比较的研究，关注多重分

类目标进行自我刻板评价时的主要的群体自我，并且进一步关注情境影响突出的群体自我的具体机制。

2.2.2 现实意义

多重分类目标评价中单维分类的权重分析具有以下现实意义：① 相比于单维分类的相关研究，多重分类的研究更符合社会现实，更具有生态效度，实验结果的可推广性也更大。② 单维分类权重比较的分析让人们认识多重分类的重要性排序，了解在什么条件下，某一分类会突出成为影响自我评价的主要分类。这些知识的了解能够加深人们的自我认识，并帮助个体寻找到合适的方法调整自我评价，而不必受到情境或者刻板印象的束缚。在心理上接纳完整的自我，在行为上表现最合适的自我，能够科学合理地做好自己多重身份的转变。③ 单维分类权重比较的相关知识也能让个体辩证地看待他人，降低对他人的刻板印象评价，更多关注目标的个体性，在对他人的评价中很好地权衡群体身份和个人特点的关系。此外，寻找到主要的维度，能够对降低某个目标个体的消极刻板印象进行针对性的干预，关注目标的主要分类进行相应干预对刻板印象的降低作用起到事半功倍的作用。

第 3 章　多重分类目标知觉评价中单维分类的功能重要性

研究一的目的是考察人们对年龄、性别、种族、穷富和职业等分类组成的多重分类目标进行感知和评价时单维分类的功能重要性比较。采用面孔信息识别范式（实验 1a）、分类任务（实验 1b）、故事写作任务（实验 1c）和盒子分类任务（实验 1d）分别从识别速度、归类偏好、典型特质行为描述和特质判断四个方面来比较对多重分类目标知觉与评价时单维分类的功能重要性。其中实验 1a 和实验 1b 关注多重分类目标的年龄（老年人、年轻人）、种族（黄种人、黑人）、性别（男性和女性）和职业（警察和医生）四个分类。实验 1c 和实验 1d 关注年龄和贫富分类的交叉，并且因为研究方法的局限性只关注矛盾的交叉分类目标。选择年龄和贫富这两个分类是因为这两个分类均是灵活的可变化的分类。

3.1 实验 1a——对单维分类信息的识别速度

实验 1a 的目的是比较评价者对多重分类目标的种族、年龄、性别和职业信息的识别速度。我们向被试提供目标照片，这些照片包括目标的脸（提供年龄、性别和种族信息）和上半身服装（提供职业信息）。实验要求被试识别多重分类目标的单维分类信息（性别：男性和女性；种族：黄种人和黑种人；年龄：老年和青年；职业：警察和医生）。

3.1.1 被试

63 名来自中国中部一所大学的学生参加了这项研究。被试年龄范围为 15 ～ 22 岁（M=18.21，SD=0.94），其中男性 37 人（58.7%），女性 26 人（41.3%）。31 人（49.2%）来自农村，32 人（50.8%）来自城市。被试家庭年收入 M=8198.41，SD=7985.14。被试的数量高于通过 G Power（alpha = 0.05，power= 95%，效应量 = 0.25）计算得出的所需被试数量（Faul，Erdfelder，Lang，& Buchner，2009）。

3.1.2 研究方法

3.1.2.1 研究材料

共有 16 种（2^4 种，比如老年亚洲女警察、青年非洲男医生等）的多重分类目标照片，照片尺寸为 200 毫米 ×260 毫米。这些照片的年龄（老年人和青年人）、性别（男性和女性）、种族（黑种人和黄种人）和职业（警察和医生）各不相同，每种类型都有两张不同的照片，因此我们的研究总共有 32 张照片。

照片选自互联网，使用计算机合成技术将这些照片模糊化来减少面部无关信息对实验的影响，这些照片中人物的面部表情是中性的。并且使用计算机合成技术将这些照片合成为穿着警察或医生服装。29 名大学生观看这些照片人物的面部信息，评估目标“是否是典型的男性、女性，黑种人和黄种人（选择是或否）”。我们只选择那些被评为典型的男性、女性，黑种人和黄种人的照片。29 名大学生也对照片中人物的年龄进行主观评定，最终确定年龄在 25 至 35 岁之间的照片作为典型的年轻目标，年龄在 60 至 70 岁之间的照片作为典型的老年人目标。

3.1.2.2　研究过程

这项研究获得了本人所在大学道德委员会的许可。被试填写知情同意书。主试向被试描述了研究的总体内容，要求被试识别多重分类目标的身份信息（性别：男性和女性，种族：黑种人和黄种人，年龄：老年和青年，职业：警察和医生）。实验完成后，参与者可以得到 5 元的小礼品。

实验在电脑上通过 E-prime 软件实现。在屏幕的最中央呈现一张多重分类目标的照片（每次呈现一张）。在屏幕底部，呈现一组身份信息选项，每对信息被随机地放置在左侧或右侧位置（例如，左侧为“男”，右侧为“女”）。每一张照片都需要识别四次身份信息，包括性别（男性或女性）、年龄（老年或青年）、职业（警察或医生）或种族信息（黑种人和黄种人）。

主试要求被试识别目标的身份信息并选择相应的答案。被试通过按下键盘上的左（“Z”）或右（“M”）键进行反应，主试要求被试尽可能快地、并且准确地做出反应。实验会记录被试的反应时间和准确度。

实验程序包含练习和正式实验两个部分，给被试呈现一个多重分类目标，被试按键做出反应之后会出现500毫秒的空白屏幕，此后屏幕会呈现下一张多重分类目标。根据照片数（32张）× 简单类别（4：种族、年龄、性别和职业）的因子组合，共有128次试验，试验顺序由计算机随机选择。

3.1.3 结果

所有被试的准确率均在90%以上。错误反应和极端数据点（超过平均值3个标准偏差）的反应时间用平均值替换。采用SPSS19.0进行统计分析，识别单维分类信息的反应时间的均值和标准差见表3–1。

表3–1 分类信息识别的反应时间的均值和标准差

	种族信息	年龄信息	性别信息	职业信息
M	1480.04	1533.70	1298.39	1455.30
SD	354.11	342.56	331.49	328.19
F	46.99***			

重复测量方差分析显示，被试在识别多重分类目标的种族、年龄、性别和职业信息方面的识别速度存在显著差异，F（3，186）=46.99，p<0.001。具体来说，配对比较结果显示，被试对年龄信息（M=1533.70，SD=342.56）的识别速度显著慢于对种族信息（M=1480.04，SD=354.11，p=0.014，d=0.15），职业信息（M=1455.30，SD=328.19，p<0.001，d=0.23）和性别信息（M=1298.39，SD=331.49，p<0.001，d=0.70）的识别速度。在对目标的种族信息和职业信息的识别上并没有存在显著差异（p=0.24，d=0.07）。并且被试对年龄信息、种族信息和职业信息的识别速度显著慢于对年龄信息的识别速度（p<0.001，d=0.70；p<0.001，d=0.53；p<0.001，d= 0.48）。因此，多重分类目标的性别身份信息被识别得最快，其次是种族信息、职业信息和年龄信息。

我们进一步比较了被试对同一分类内不同身份信息（例如，性别分类为男性和女性）的识别时间差异。配对比较结果显示，被试对黑种人的识别时间（*M*=1496.38，*SD*=364.29）和黄种人的识别时间（*M*=1463.71，*SD*=379.64）并不存在显著差异（*p*=0.26，*d*=0.09）。但是被试识别老年人信息的时间（*M*=1574.01，*SD*=364.85）显著长于识别年轻人的时间（*M*=1493.39，SD=357.92；*p*=0.07，*d*=0.22），被试识别医生的时间（*M*=1490.80，SD=345.67）显著长于识别警察的时间（*M*=1419.80，SD=343.90，*p*=0.01，*d*=0.21）。最后被试对女性身份的识别速度（*M*=1323.94，SD=341.89）显著慢于对男性身份的识别速度（*M*=1272.85，SD=354.57，*p*=0.06，*d*=0.15），但是这种显著的差异只存在于男性被试中（*p*=0.002，*d*=0.31）。参见表 3–2。

表 3–2　识别多重分类目标的身份信息的平均数和标准差

	种族信息		年龄信息		性别信息		职业信息	
	黑种人	黄种人	老年人	青年人	男性	女性	警察	医生
M	1496.38	364.29	1574.01	1493.39	1272.85	1323.94	1419.80	1490.80
SD	1463.71	379.64	364.85	357.92	354.57	341.89	343.90	345.67
F	1.29		7.72^{***}		3.60^{*}		7.11^{***}	

3.1.4　讨论

实验 1a 发现大学生被试对年轻人信息的识别速度要比对老年人信息的识别速度更快，并且男生大学生对男生信息的识别更快。这跟以往研究结果一致，人们对内群体身份信息的识别速度更快，人们总是能够快速识别出内群体成员，认为内群体成员是多样化、个体化和低刻板的，而外群体成员是去个性化的和高刻板的。自我激活模型指多重分类对刻板印象的影响过程中，评价者自我扮演着重要作用，评价者自我信息（个体自我概

念所包含的群体身份、人格特质等信息）与多重分类目标的匹配与一致性会影响个体刻板认知的激活与刻板印象程度强弱，进一步影响个体对多重分类目标的印象评价（Crisp & Hewstone，2006）。

实验 1a 发现大学生被试对多重分类目标的性别信息识别速度最快，其次是种族和职业信息，识别速度最慢的是年龄信息。需要说明的是该研究结果绝对不能脱离本研究的被试——年轻大学生。年轻大学生这个阶段的关键任务就是建立亲密感，寻找自己的亲密爱人，因此对性别信息的识别速度可能是最快的。其次，在该照片信息识别中，种族表现为身体皮肤的白色和黑色，而职业表现为着装的白色和黑色，都有非常明显的外部表征，甚至不需要观察面孔细节特征就能判断出来。这有可能是人们对目标的年龄分类识别最慢的其中一个原因。

3.2 实验 1b——多重分类目标的归类偏好

实验 1b 的目的是关注人们对多重分类目标进行归类时的归类偏好。向被试呈现一张多重分类目标照片和另外两个测试照片，这两个测试照片跟目标照片只在一个分类维度上信息不一样，在其他三个分类维度上信息一样。询问被试更愿意将目标照片跟哪一个选项照片归为一组。

3.2.1 被试

63 名来自中国中部一所大学的学生参加了这项研究。被试年龄为 15 到 22 岁（M=18.21，SD=0.94），男性 37 人（58.7%），女性 26 人（41.3%）。农村 31 人（49.2%），城市 32 人（50.8%）。参加者家庭年收入 M=8198.41，SD=7985.14。使用 G Power（alpha= 0.05，power =80%，效

应值 = 0.3）计算研究所需的被试量，本研究的被试量是足够的。

3.2.2　研究方法

3.2.2.1　研究材料

照片选自研究 1a。

3.2.2.2　研究过程

这项研究获得了本人所在大学道德委员会的许可。被试填写书面知情同意书。主试向被试介绍实验的梗概，并要求被试仔细完成任务。完成试验后，被试得到 5 元的奖励。

实验使用了 E-prime 软件。在指导语之后，被试看到三张照片的组合，目标照片在屏幕顶部中央位置，两张测试照片在屏幕底部。询问被试两张测试照片中哪一张与目标照片属于同一组，并按下相应的键盘。通过按键盘上的左（“Z”）或右（“M”）键进行反应。如果被试认为左侧测试照片与目标照片属于同一组，他 / 她按下左侧（“Z”）键，要求被试尽可能快的作答。实验中并没有对参与者的反应进行反馈，实验记录被试的反应时间。

具体来说，多重分类目标的照片出现在电脑屏幕顶部的中央。我们的研究中有四种目标：（a）年轻的黄种人男医生，（b）老年的黄种人男医生，（c）年轻的黄种人女医生，（d）老年的黄种人女医生（每种类型包括两张不同的照片）。同时，电脑屏幕底部出现两张多重分类目标的测试照片（一张在左下方，一张在右下方）；这两张测试照片中的每一张照片仅在一个分类上的身份信息与目标的身份信息不同，在其他三个分类的身份信息完

全一致。以目标年轻黄种人男医生（代码为 A）为例。屏幕底部将显示四种类型的测试照片：老年黄种人男医生（在年龄分类上与目标不同，代码为 A1），年轻黄种人女医生（在性别分类上与目标不同，代码为 A2），年轻黄种人男警察（在职业分类上与目标不同，代码为 A3），年轻的黑人男医生（在种族分类上与目标不同，代码为 A4）。由于每条试验都有两张测试照片，因此有六种照片选项组合（A–A1A2、A–A1A3、A–A1A4、A–A2A3、A–A2A4、A–A3A4）。

一共有 96 个试验：6×2（平衡两张测试照片的顺序）×2（每种类型的多重分类目标包括两张照片）×4（屏幕中上部显示的四种类型的目标）。实验会呈现三张照片，一旦被试做出反应，便会有 500 毫秒的时间间隔呈现白屏，然后呈现下一组照片。试验的顺序由计算机随机呈现。

3.2.3 结果

针对目标年轻黄种人男医生（A），当两张测试照片分别为老年黄种人男医生（A1）和年轻黄种人女医生（A2）时，采用卡方分析法比较分类任务中选择某个目标的频率，结果显著，$\chi^2=10.73$，df=1，$p<0.001$。被试更可能将（A）和“年轻的黄种人女医生（A2）”归为一组（$n=152$），而不是将（A）和“老年的黄种人男医生（A1）”归为一组（$n=100$）。见表 3–3。被试更可能将两个不同性别的目标组合为一组，而不是将两个不同年龄的目标组合在一起。因此，年龄分类在归类任务上的权重高于性别分类。

表 3–3　将两张测试照片中的一张和目标照片（年轻的黄种人男医生）归为一组的频率

	A1，A2	A1，A3	A1，A4	A2，A3	A2，A4	A3，A4
A1	100	193	208			
A2	152			210	210	
A3		59		42		97
A4			44		42	155
总数	252	252	252	252	252	252

A= 年轻黄种人男医生，A1= 老年黄种人男医生，A2= 年轻黄种人女医生，A3= 年轻黄种人男警察，A4= 年轻黑种人男医生。表 3–3 中的数字 100 是指在用 A1 和 A2 对目标 A 进行分类任务时，将 A 和 A1 一起归为一组的频率，而数字 152 是指将 A 和 A2 归为一组的频率。2（平衡序列效应）×2（每种类型的多分类目标都有两张不同的照片）×63（被试数量）=252。

当两张测试照片分别是老年黄种人男医生（A1）和年轻黄种人男警察（A3）时，卡方分析结果也显著，χ^2=71.25，df=1，p<0.001。被试更可能将（A）和“老年黄种人男医生（A1）”归为一组（n=193），而不是将（A）和“年轻黄种人男警察（A3）”归为一组（n=59）。见表 3–3。因此，在分类任务中，职业分类比年龄分类具有更高的区分效果，因为被试更可能将不同年龄的两个目标归为一组，而不是将两个不同职业的目标归为一类。

当两张测试照片是老年黄种人男医生（A1）和年轻黑种人男医生（A4）时，卡方分析结果显著，χ^2=106.73，df=1，p<0.001。被试更可能将（A）和“老年黄种人医生（A1）”归为一组（n=208），而不是将（A）和“年轻黑种人男医生（A4）”归为一组（n=44）。见表 3–3。人们更愿意选择与目标种族身份相符的人跟目标归为一组，而非选择与目标年龄相符的人归为一组。因此，种族分类在归类偏好任务中的功能重要性高于年龄分类。

当两张测试照片是年轻黄种人男警察（A3）和年轻黄种人女医生（A2）时，卡方分析结果显著 χ^2=112.00，df=1，p<0.001。被试更可能将（A）和“年轻黄种人女医生（A2）”归为一个组（n=210），而不是将（A）和“年轻黄种人男警察（A3）”归为一个组（n=42）。见表 3–3。因此，职业分类的功能重要性高于性别分类。

当两张测试照片是年轻黑种人男医生（A4）和年轻黄种人女医生（A2）时，卡方分析结果显著，χ^2=112.00，df=1，p<0.001。少部分人会将（A）与“年轻黑种人男医生（A3）”归为一组（n=42），被试更容易将（A）和“年轻黄种人女医生（A2）”归为一组（n=210）。见表 3–3。因此，种族分类比性别分类在归类偏好任务中有着更高的功能重要性。

当两张测试照片是年轻黄种人男警察（A3）和年轻黑种人男医生（A4）时，卡方分析结果显著，χ^2=13.35，df=1，p<0.001。被试更可能将（A）与“年轻黑种人男医生（A4）”归为一组（n=155），而不是将（A）与“年轻黄种人男警察（A3）”归为一组（n=97）。见表 3–3。因此，职业分类的功能重要性高于种族分类。

对于目标老年黄种人男医生（B）、年轻黄种人女医生（C）、老年黄种人女医生（D），研究结果与年轻黄种人男医生（A）的结果完全一致。在归类任务中，职业分类的区分效果始终是最高的，其次是种族分类、年龄分类和性别分类。

3.2.4 讨论

结果表明人们更倾向于使用职业分类进行归类，然后分别为种族分类、年龄分类和性别分类。在对他人进行归类时，他们的职业服装是进行归类的主要依据。我们推测，职业身份是完全自主个人选择的，这种人们可以自主选择的分类身份要比人们不能自主选择的自然线索分类更能引起人们的注意。以往研究也发现，相对于性别、种族等固有的低选择性分类而言，职业等具有高选择性的分类更能体现出目标的潜在自愿意图和动机，因此，在多重社会分类的整体印象评价中发挥着更具支配性的作用（Rozendal，2003）。

在本研究中种族分类在归类偏好任务中的作用仅次于职业，这一方面可能是因为种族分类的功能重要性真的很大，如果种族不同，我们便倾向于将他人归为外群体，但是也可能是因为中国大学生所处的文化背景是单一种族的文化环境，黑人群体是比较陌生的典型外群体，因此在归类中将种族分类作为重要的归类依据，这种效应有可能在多元文化环境中得到一定程度的缓解。

再者，性别分类在归类任务中的作用最低，即人们很容易将男女归为一类。在东方国家，人们崇尚家庭观，常说寻找伴侣为寻找我们的“另一半”，找到了那个人我们才能被称为完整的人。同样，在西方国家，西方神话故事里面说“女生是男生的肋骨”。东西方文化均认为伴侣是我们人生不可或缺的重要他人。正是因为这种观念，人们倾向于把男生和女生两个群体归为一个群体。

3.3　实验 1c——盒子分类任务

实验 1c 关注于年龄和穷富分类组成的交叉分类目标，采用盒子分类任务关注人们在推断交叉分类目标的特质时更依据哪一分类。

3.3.1 研究被试

45 名在校大学生参与研究，被试的年龄范围从 18 到 30 岁（M=22.78, SD=3.00），其中有 18 个男生（40.0%）和 27 个女生（60.0%）。

3.3.2 研究方法

3.3.2.1 实验任务

盒子分类任务：有八张写了不同身份信息的卡片，这八张卡片中，呈现了单个分类信息或者两种分类信息的交叉（老年人，年轻人，富人，穷人，老年富人，年轻穷人，老年穷人，年轻富人）。卡片的形式参照了普通名片，卡片的左边印刷有黑白的人物头像，右边以文字的形式描述被试的基本身份信息。需要注意的是，被试不能够通过人物头像判断被试的任何信息，书写的身份信息是唯一可见的信息，每一张卡片呈现 3 次。

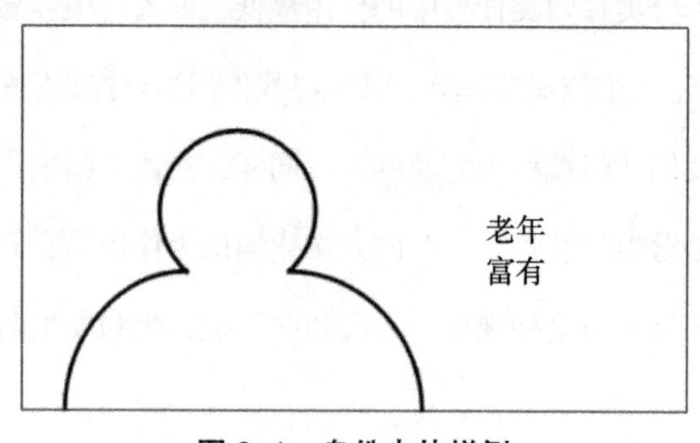

图 3–1 身份卡片样例

3.3.2.2 实验程序

被试随机进入实验室，经过主试对实验任务的简单描述后，被试填写知情同意书。主要包括两个实验任务，第一个实验任务是热情评价，桌子上放着两个盒子，分别标记为高热情和低热情。被试根据自己的判断将目标个体放入到高热情盒子或者低热情盒子中。第二个实验任务是能力评价，桌子上放着两个盒子分别标记着高能力和低能力，被试根据自己的判断将目标个体放入到高能力或者低能力盒子。注意盒子的摆放位置（左右）应该随机，避免位置效应。

3.3.2.3　数据分析

记录被试将每一个目标（3 次）放入高热情盒子和低热情盒子的频率，因为数据不服从正态分布没有办法使用 t 检验，使用卡方分析比较将每一个目标放入高热情盒子中 0 次，1 次，2 次，3 次的被试人数与期望人数（随机，没有刻板印象时 $n/4$）比较。

3.3.3　研究结果

我们采用卡方检验去比较 0，1，2，3 次将目标放入高 / 低能力 / 热情盒子的被试数量与平均的频率 45/4=11.25。结果参见表 3–4，结果表明 23 个被试会将三个老年人目标都放入到高热情盒子中，这是显著高于平均频率的（χ^2=21.76，p<0.001）。将三个年轻人目标均放入到高能力（n=29）和高热情（n=20）的盒子中的频率也均显著高于预期频率（χ^2=47.36，p<0.001；χ^2=10.20，p<0.05）。对于穷富维度来说，将三个富人目标放入高能力（n=34）和高热情（n=3）盒子的被试频率，和将三个穷人放入到低能力（n=31）盒子的频率与预期的频率 11.25 显著不同（χ^2=65.13，p<0.001；χ^2=12. 51，p<0.01；χ^2=50.20，p<0.001）。这个结果表明老年人是高热情的，年轻人是高能力、高热情的，穷人是低能力的，富人是高

能力、低热情的。因此年轻穷人目标在能力评价上是矛盾的交叉分类群体，而老年富人在热情评价上是矛盾的交叉分类群体。

本研究的结果与SCM模型并不是完全一致。在SCM模型中，老年人被刻板地认为是低能力的，但是本研究中没有发现这个结果。一个可能的方法学原因是本研究的被试对“老年人”这个群体做了不同的解释，一个55岁的老年人或者一个90岁的老年人常常会有不同的评价。另外一个原因可能是因为本研究中能力的定义比较宽泛，能力可以被解释为晶体智力，也可以被解释为流体智力（Song & Zuo，2016）。此外本研究中年轻人被认为是高热情的，而非低热情的。这可能是因为本研究的被试均是在校大学生，他们对自己的内群体具有较积极的认识。尽管本研究的研究结果并没有完全符合SCM模型，但是研究确实发现了两个矛盾的交叉分类群体成为此后研究的关注对象。然而该研究的结果均是非定性的结果，因此我们此后又开展了新的研究从定量的角度具体分析谁是矛盾的交叉分类群体，谁是一致的交叉分类群体。

被试将三个老年富人都放入高热情（n=22）盒子的频率，和将三个年轻穷人均放入低能力（n=21）盒子的频率均显著高于预期频率11.25（χ^2=17.31，p<0.01；χ^2=12.87，p<0.01）。参见表3–4。因此，对于老年富人的热情评价中，老年人是主要的分类维度。而对于年轻穷人的能力评价，穷人是主要的分类维度。

表3–4　将单维分类目标和交叉分类目标放入高热情/能力盒子中的频率

	高热情分类				高能力分类			
	0	1	2	3	0	1	2	3
老年人	2	7	13	23	12	13	8	12
富人	14	19	9	3	1	1	9	34
年轻人	6	8	11	20	1	1	14	29

续表

	高热情分类				高能力分类			
	0	1	2	3	0	1	2	3
穷人	7	10	18	10	31	10	3	1
老年富人	3	8	12	22	1	3	6	35
年轻穷人	12	10	17	6	21	5	11	8
老年穷人	7	13	11	14	38	5	1	1
年轻富人	16	9	14	6	5	3	7	30

注意：N=45，表 3–3 中的数据是 0，1，2，3 次将卡片放入高 / 低能力 / 热情盒子中的被试个数。因为年轻穷人在能力评价中是矛盾的交叉分类群体（年轻人被认为是高能力的，而穷人被认为是低能力的），而大部分的人将三个年轻穷人均归为低能力的盒子中，因此我们推测年轻人高能力的刻板印象强度是低于穷人低能力的刻板印象强度的，在对年轻穷人的能力评价中，穷人是主要的分类维度。

3.3.4　讨论

研究结果表明老年富人是高热情群体，年轻穷人是低能力群体。在对老年富人的热情评价中，老年人是主要的分类维度，而对于年轻穷人的能力评价，穷人是主要的分类维度。这与我们的研究假设均是一致的，具有较高刻板印象的分类是对交叉分类目标评价的主要分类。

本研究使用的盒子分类任务具有以下不足：① 被试只能将目标个体归为高能力或者低能力的盒子，并没有中立的盒子和选项，这种破选的方法在方法学上夸大了刻板印象强度（Song & Zuo，2016）；② 三张同一个目标的卡片让被试归类，人工地增加了数据的效度；③ 有些被试可能已经意识到研究的目的而出现实验者效应。

3.4　实验 1d——写作任务

3.4.1　被试

年轻大学生被试 44 名。其中男生 6 人，女生 38 人；来自农村的有 24 人，

来自城市的有 20 人。16 个人觉得自己的经济收入状况有点贫穷，20 个人觉得自己的经济状况一般，5 个人觉得自己的经济状况有点富裕，3 个人没有回答该问题。平均年龄 21.30 岁（SD=2.27）。

3.4.2 研究方法

3.4.2.1 实验任务

随机要求被试想象一个老年富人目标，让被试描写出他的典型的一天。这一天中他从早到晚干了什么事情，请尽量用形容词来描绘他做这些事的时候的状态。对他的能力进行主观的评价，可描绘具体某一件事情来反映他的能力。对他的热情进行主观评价，可以通过描绘一件具体事件反映他的热情状况。

3.4.2.2 数据分析方法

使用文本分析的方法，计算老年富人的描述中，老年人相关的刻板印象词的数量，富人相关的刻板印象词的数量，比较二者的频率差异。老年人的相关词汇是悠闲、下棋、喝茶、早起早睡等，富人的相关词汇是高尔夫、豪宅、财经新闻等。

3.4.3 结果

采用配对样本 t 检验比较在老年富人的一天的描述中老年人刻板印象词汇数量与富人刻板印象词汇数量，t 检验结果显著（t=2.94，p<0.01）。老年人刻板印象词的平均频率是 2.27，显著高于富人刻板印象词汇的平均频率 1.32。此结果表明在老年富人的生活描述中，老年人是主要的分类维

度，这同实验 1c 的研究结果并不冲突。实验 1c 结果是在对老年富人的热情评价中，老年人是主要的分类维度。由此可知在一般的生活描述中，我们会更多地关注老年富人的老年人身份。我们推测在对老年富人的不同方面进行评价时，不同的维度会突显，起到主要的作用，因此试验任务不同、评价指标不同、评价者动机不同等均会影响分类权重大小。

第 4 章　评价者因素对单维分类功能重要性的影响——以年龄和穷富交叉为例

探究评价者因素对多重分类目标知觉与评价的影响，以及对单维分类的功能重要性的影响，秉承从简到难的研究原则。本研究只关注两个单维分类组成的交叉分类目标，具体而言我们关注年龄分类和穷富分类组成的交叉分类。

首先，关注评价者以往归类经验对归类偏好的影响（实验 2a）。实验分为两个阶段：第一个阶段是归类任务，让被试按照年龄或者穷富分类进行归类；第二个阶段是新的归类任务，不限定标准，让被试自由归类，比较不同组别被试第二次归类任务中归类标准的差异。我们做如下假设。

H2a：先前引导被试根据年龄进行分类时，在后面的分类任务中，人们也倾向于根据年龄进行分类。先前引导被试根据穷富进行分类时，在后面的分类任务中，人们也倾向于根据穷富进行分类。

其次，采用中心特质评价范式（实验 2b）从能力 / 热情特质评价上测量个体对单维分类目标和多重分类目标的刻板印象评价，分析单维分类刻板认知对交叉分类目标刻板评价的影响，进一步采用优势分析或者相对权重分析直接比较交叉分类目标评价中单维分类的功能重要性。我们做如下假设。

H2b：评价者对某一个分类的刻板印象强度越高，该分类越可能是主要的分类。

再者，探究评价者的情绪和对比思维对单维分类功能重要性的影响（实验 2c 和实验 2d），实验操纵评价者的情绪状态和对比思维模式，探究二者在单维分类刻板印象和交叉分类刻板印象关系中的调节作用。我们做如下假设。

H2c：评价者的情绪和对比思维在单维分类和交叉分类刻板评价关系中起到调节作用。

因为本研究关注的穷富和年龄分类组成的交叉分类目标（老年穷人、年轻穷人、老年富人和年轻富人），为了明晰这些交叉分类目标的具体指代我们开展了预研究。

4.1　预研究——目标的具体指代

在开展正式的实验研究之前，我们有必要对本研究涉及的基本概念进行操作性定义，即什么群体是老年人群体？什么群体是年轻人群体？什么群体是穷人群体和富人群体？交叉分类群体中的年轻富人和年轻穷人群体具体指的是哪一类群体？理论上老年富人和年轻穷人是矛盾的交叉分类群体，是否实际调查中依然存在这样的结果？为了明确这些问题，我们开展

了以下预实验作为我们的研究基础。

4.1.1 预调查1——简单分类目标的具体指代

调研人民群众心目中的老年人、年轻人、穷人、富人具体是怎么样的；在大众心目中，多少岁以上的人是老年人，什么年龄段的人是年轻人；以武汉地区为例，怎样的经济收入水平和月消费水平是穷人阶层，而怎样的经济收入水平和月消费水平是富人阶层。

4.1.1.1 被试

大学生45名，其中男生1名，女生44名；城市居民28人，乡村居民17人；主观经济状况中，16人认为自己的经济条件有点差，26人认为自己的经济条件中等，2人认为自己的经济条件比较富有，1人没有回答该问题。客观经济状况中，1人的家庭月经济收入在1000元以下，6人的家庭月经济收入在1000到2000元之间，19人的家庭月经济收入在2000到4000元之间，9人家庭月经济收入在4000到6000元之间，5人家庭月经济收入在6000到1万元之间，5人家庭月经济收入在1万元以上。

此外，94名年龄40岁以上的中老年人参与调查，被试的年龄从40岁到60岁，平均年龄48.35岁。这其中男性36名，女性58名；城市居民44人，农村居民50人。11个人觉得自己非常贫穷，12个人觉得自己有点贫穷，66人觉得自己的经济状况一般，5人觉得自己的经济状况有点富裕。

4.1.1.2 问卷

采用问卷调查法调查被试认为老年人是指多大年龄的人，年轻人的年龄范围是什么。此外调查在被试心目中，穷人的收入水平范围、穷人的每月消费水平以及他们的典型职业，富人的收入水平、月消费水平以及他们的典型职业。并且调查被试的人口学基本信息：包括被试的性别、年龄、家庭所在地、家庭经济状况等基本的人口学信息。

4.1.1.3　研究结果和讨论

针对年轻大学生被试，研究结果显示：在年轻大学生被试心目中，老年人群体指的是年龄在 61.00 岁以上的人（SD=5.07）。年轻人群体指的是年龄范围在 18.36 岁（SD=1.98）和 32.18 岁（SD=4.79）之间的人。针对社会中的中老年被试，调查结果表明，老年人群体指的是平均年龄在 65.23 岁以上的人（SD=5.89）。年轻人的年龄范围在 19.49 岁（SD=4.04）到 37.50 岁（SD=8.42）之间。

针对年轻大学生被试，穷人的月收入水平为 1466.67 元（SD=637.47），月消费水平为 900 元（SD=569.29），穷人的典型职业是农民、工人和无业游民。对于富人的认识，22 个人认为富人的月收入在 5000 到 1 万元之间，17 个人认为富人的收入在 1 万到 10 万元之间，还有 6 个人认为富人的月收入在 10 万元以上。富人的典型职业是商人和公司高管。而针对社会中的中老年被试，调查结果表明，穷人的平均月收入是 1397.23 元（SD=816.09）。富人的平均月收入是 38956.26 元（SD=57927.33）。

此外，采用方差分析比较大学生被试和社会上中老年被试的结果，方差分析结果显示，两组被试对老年人的年龄定义没有存在显著差异，$F(1, 137)=1.54$，$p>0.05$，但是在对年轻人的年龄范围的定义上存在显著的差异，$F(1, 137)=3.17$，$p<0.1$；$F(1, 137)=15.53$，$p<0.001$，即大学生被试（$M=18.36$）要比中年人被试（$M=19.49$）认为年轻人群体的最低年龄要低，同时大学生被试（$M=32.18$）要比中年人被试（$M=37.50$）认为年轻人群体

所涉及的最高年龄要低。

在对穷人月收入的评估上，两组被试并没有显著的差异，$F(1, 137)=0.25$，$p>0.05$。但是在对富人月收入的评估上，两者存在显著的差异，$F(1, 137)=3.93$，$p<0.05$。大学生被试对富人收入的预期远远大于社会上的中老年人。这论证了分类的模糊性的特点，同时也提示我们针对不同的被试，应该使用相对应的群体概念。由此可知，不同对象心目中的老年人、年轻人、穷人和富人是存在一定差异的，鉴于本研究的主要关注对象是在校大学生，因此在基本概念的界定上，我们沿用年轻人的调查结果。

4.1.2 预调查 2——交叉分类目标的具体指代

4.1.2.1 研究被试

171 名大学生被试。其中，女生 73 人，男生 98 人。4 个人没有报告自己是农村还是城市居民，另外 92 个人来自城市，75 个人来自农村。3 个人觉得自己的经济状态非常贫穷，81 个人觉得自己的经济状态有点贫穷，59 个人觉得自己的经济状态一般，13 个人觉得自己的经济状态有点富裕，15 人未报告自己的经济状态。年龄范围从 17 到 28 岁。

此外，在社会上中老年被试 94 个，这其中男生 36 名，女生 58 名，城市居民 44 人，农村居民 50 人。11 个人觉得自己非常贫穷，12 个人觉得自己有点贫穷，66 人觉得自己的经济状况一般，5 人觉得自己的经济状况有点富裕。被试的年龄从 40 到 60 岁，平均年龄 48.35 岁。

4.1.2.2 研究方法

让被试评价老年人、年轻人、穷人、富人的热情和能力特质，热情采用热情、友好、善良三个词汇，能力特质采用能力、才能、自信三个特质词，采用 5 点记分，1 表示具有非常少这种特质，5 表示具有非常多这种特质。

4.1.2.3　研究结果与讨论

针对大学生群体，采用配对样本 t 检验比较老年人热情和年轻人热情的差异，t 检验结果显著（t=4.59，p<0.001）。老年人的热情水平（M=11.23）显著高于年轻人的热情水平（M=10.34）。但是从平均数大小来看，年轻人热情评价虽然没有老年人高但是热情评价总体仍比较积极。采用配对样本 t 检验比较老年人能力和年轻人能力的差异，t 检验结果显著（t=11.77，p<0.001）。老年人的能力水平（M=8.46）显著低于年轻人的能力水平（M=11.27）。

采用配对样本 t 检验比较富人热情和穷人热情的差异，t 检验结果显著（t=8.58，p<0.001）。穷人的热情水平（M=10.07）显著高于富人的热情水平（M=8.06）。采用配对样本 T 检验比较富人能力和穷人能力的差异，t 检验结果显著（t=17.15，p<0.001）。富人的能力水平（M=12.00）显著高于穷人的能力水平（M=8.02）。基于以上内容，老年人是高热情、低能力的群体，年轻人是低热情、高能力的群体。富人是高能力、低热情的群体，穷人是高热情、低能力的群体。因此老年富人和年轻穷人在热情和能力评价上均是矛盾的交叉分类群体，老年穷人和年轻富人在能力和热情评价上都是一致的交叉分类群体。

此外，针对社会上的中老年人，我们同样采用配对样本 t 检验比较老年人热情和年轻人热情的差异，t 检验结果显著（t=2.46，p<0.5）。老年人的热情水平（M=10.31）显著高于年轻人的热情水平（M=9.62）。采用配

对样本 t 检验比较老年人能力和年轻人能力的差异，t 检验结果显著（t=6.85，p<0.001）。老年人的能力水平（M=8.57）显著低于年轻人的能力水平（M=10.48）。采用配对样本 t 检验比较富人热情和穷人热情的差异，t 检验结果显著（t=7.50，p<0.001）。穷人的热情水平（M=9.53）显著高于富人的热情水平（M=7.43）。采用配对样本 t 检验比较富人能力和穷人能力的差异，t 检验结果显著（t=8.18，p<0.001）。富人的能力水平（M=9.80）显著高于穷人的能力水平（M=7.05）。

由此可知，不管是在大学生群体中，还是在中老年群体中，老年人均被认为是高热情、低能力群体，年轻人被认为是高能力、低热情群体，富人是高能力、低热情群体，穷人是高热情、低能力群体。我们的问卷调查再次验证了刻板印象内容模型，社会分类在能力和热情的关系上起到了补偿作用。

将年轻人被试和中老年被试组合在一起进行分析。在热情评价上，老年人高热情（10.90）刻板印象的程度高于穷人高热情（10.08）刻板印象的强度。富人低热情（7.83）刻板印象的程度高于年轻人低热情（9.88）刻板印象程度。我们采用配对样本 t 检验考察年龄热情刻板印象（老年人热情评价减去年轻人热情评价）和穷富热情刻板印象（穷人热情评价减去富人热情评价）的差异，结果显示年龄热情刻板印象和穷富热情刻板印象存在显著差异 t=−5.29，p<0.001；穷富热情刻板印象（M=2.06）强度显著高于年龄热情刻板印象（M=0.82）。

此外，在能力评价上，富人高能力（11.22）刻板印象的程度高于年轻人高能力（10.99）的刻板印象程度。穷人低能力（7.68）的刻板印象程度高于老年人低能力（8.50）的刻板印象程度。我们发现穷富能力刻板印象强度高于年龄能力刻板印象。

4.2　实验 2a——评价者以往归类经验对归类偏好的影响

探索感知者以往归类经验对单维分类权重的影响，我们推测评价者会根据以往的归类经验进行归类。具体来讲如果被试此前按照年龄分类进行归类，那么在此后的分类任务中也会具有按照年龄分类进行归类的偏好。如果被试此前按照穷富分类进行归类，那么在此后的分类任务中就会倾向于按照穷富分类进行归类。

4.2.1　被试

45 名女性大学生被试。其中农村 28 人，城市 17 人；16 个人觉得自己的家庭经济状况有点贫穷，26 个人觉得自己的家庭经济状况一般，3 人觉得自己的家庭经济状况有点富裕。年龄范围从 17 到 25 岁，平均年龄为 19.65 岁（SD=1.33）。

4.2.2　研究方法

4.2.2.1　实验任务

采用被试间研究设计。将被试随机分为 3 组。实验组 1 为年龄归类组，给被试呈现 8 个身份特征（老年富人，年轻富人，老年穷人，年轻穷人各两名）的人，让被试按照年龄将这 8 个人分为两组。随后让被试完成第二个归类任务：这 8 个人要一起去旅游，但是 8 个人在去哪里旅游存在分歧，景点 A 消费比较昂贵，但是这个景点的路比较平坦，旅途并不辛苦。景点 B 的

消费和门票都比较便宜，但是路比较崎岖，比较消耗体力。请被试重新将这 8 个人进行归类分成两组去参观不同的景点。实验组 2 为穷富归类组，先让被试按照穷富进行归类，再完成后面的归类任务。实验组 3 为控制组，没有第一个归类任务，直接让被试完成第二个归类任务。

4.2.2.2 数据分析方法

比较三组被试最后归类的差异。因为数据是频次数据，因此采用卡方分析比较三组条件下使用穷富维度进行归类的被试数量和使用年龄分类进行归类的数量。

4.2.3 研究结果

卡方分析比较控制组和穷富分类组的分类偏好差异，结果发现卡方分析不显著（χ^2=3.55，p=0.47），穷富分类组被试并没有表现出更多的按照穷富分类进行归类的倾向。卡方分析比较控制组和年龄分类组的分类偏好差异，结果发现卡方分析结果也不显著（χ^2=1.61，p=0.81），年龄分类组被试并没有表现出更多的按照年龄分类进行分类的倾向。因此结果显示不管被试先前是按照年龄分类还是穷富分类进行归类，在新的归类任务中并没有表现出显著的归类差异。

4.2.4 讨论

研究结果显示先前的归类任务并没有影响后面的归类偏好，这和我们的研究假设不一致，也与以往研究结果不一致（Crisp & Hewstone, 2006）。对于这种不显著的结果我们推断有以下几种可能性。① 我们推测在第一个归类任务和第二个归类任务之间的连接中，存在两种可能机制。

第一种情况是此前要求被试按照年龄分类进行归类时，被试在后面的分类中也会倾向于按照年龄分类进行归类。第二种情况是被试在后面的分类会按照新的分类（穷富分类）进行归类。这两种矛盾的效应可能导致最终结果的无差异。② 本研究中，最新的归类任务并非完全中立的两难选择任务。被试本身对这个问题可能存在自己的固定认识，“认为正确的或者更合适的分类答案”，而这种认识是受到被试自身社会文化经验影响。因此导致此前的归类经验没有影响新的归类偏好。③ 在本研究中，完成第一个归类任务以后，没有时间间隔直接让被试完成第二个归类任务，这种紧迫的时间感可能会影响实验结果，我们有必要进一步关注归类经验影响归类偏好的时间边界。

4.3　研究 2b——评价者的单维分类刻板认知对交叉分类刻板评价的影响

4.3.1　被试

104 名大学生被试参与该研究。年龄范围从 17 到 23 岁（*M*=19.38，SD=1.17），其中 20 个男生（19.2%），84 个女生（80.8%）；51 个被试来自农村（49.0%），53 个被试来自城市（51.0%）。询问“你觉得自己的经济状况怎么样”时，3 个被试觉得自己的经济状况非常贫穷（2.9%），29 个被试觉得自己的经济状况有点贫穷（27.9%），62 个被试觉得自己的经济状况一般（59.6%），10 个被试觉得自己有点富裕（9.6%）。

此外，中老年被试 94 个，这其中男性 36 名，女性 58 名；城市居民 44 人，农村居民 50 人。11 个人觉得自己非常贫穷，12 个人觉得自己有点贫穷，

66 人觉得自己的经济状况一般，5 人觉得自己的经济状况有点富裕。被试的年龄从 40 到 60 岁，平均年龄 48.35 岁。

4.3.2 研究方法

4.3.2.1 实验任务

要求被试评价年轻人、老年人、穷人、富人、年轻穷人、老年富人、老年穷人、年轻富人的能力和热情特质。能力采用三个词汇：有能力的、有才能的和自信的。热情采用三个词汇：热情的、善良的、友好的。要求被试根据自己的理解，评价 8 个目标具有上述品质的程度，1 代表具有很少这种品质，5 代表具有非常多这种品质。三个能力特质词得分之和是该目标能力程度的得分，三个热情特质词得分之和是该目标热情程度的得分。

4.3.2.2 数据方法

采用回归分析探索单维分类和交叉分类能力 / 热情评价的关系，比如：计算人们对老年人的热情评价、对富人的热情评价与人们对老年富人热情评价的关系。y（老年富人）$=b_1$（老年人）$+b_2$（富人）$+c$（常数）。回归分析后，采用相对权重分析或者优势分析来比较两个单维分类的作用大小。相对权重分析和优势分析均是用来评价两个存在相关的自变量对因变量的作用大小的一种统计方法（LeBreton & Tonidandel，2008）。相对重要性分析是比较两个自变量的相对作用大小（relative weight），两个自变量的相对权重总和是整个模型的解释率。优势分析则是考虑两个自变量对因变量的独特效应（unique effect），两个自变量对因变量的变异的解释的重叠部分加上两个自变量的独特效应才为整个模型的解释率。在多元回归分析中，预测变量半偏相关系数的平方（squared semi-partial correlation）为该变量的独特效应，模型总变异解释量（R^2）减去所有预测变量半偏相关系数的平方之和（sum of squared semi-partial correlation）所得之差来表示相互重叠部分的效应（Cohen et al.，2003；Cohen et al.，2013）。参见图 4-1。

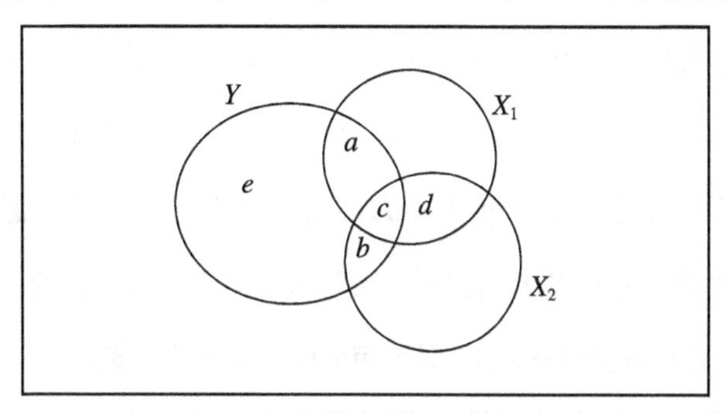

图 4-1　优势分析的解读

注：在 X_1 和 X_2 对 Y 的预测关系中，$a+c$ 表示 X_1 对 Y 的预测作用，$b+c$ 表示 X_2 对 Y 的预测作用，$a+b+c$ 表示 X_1 和 X_2 对 Y 的预测作用，e 表示不被 X_1 和 X_2 预测的部分，$c+d$ 表示多重共线性。

$r^2_{Y1}=a+c$

$r^2_{Y2}=b+c$

$r^2_{12}=c+d$

$R^2_{Y12}=(a+b+c)/(a+b+c+e)$

Semipartial for $X_1 = sr^2_1 = r^2_{Y(1.2)} = R^2_{Y12}-r^2_{Y2}= a/(a+b+c+e)$

Semipartial for $X_2 = sr^2_2 = r^2_{Y(2.1)} = R^2_{Y12}-r^2_{Y1}= b/(a+b+c+e)$

4.3.3　研究结果

4.3.3.1　老年富人的热情和能力评价

我们采用线性回归分析来探索单维分类和交叉分类群体评价的关系。对于老年富人的热情评价，老年人的热情评价和富人的热情评价为自变量，第一层放入人口学变量：年龄、性别、财富、户口类型。第二层放入老年

人的热情评价和富人的热情评价。老年富人的热情评价是因变量。结果表明，控制了人口学变量以后，老年人热情评价和富人热情评价均能够显著预测老年富人的热情评价（β =0.51，p<0.001；β =0.34，p<0.001）。接下来我们采用相对权重分析来比较单维分类的作用大小。本研究中相对权重分析表示老年人分类的相对权重（RW=0.30）高于富人的相对权重（RW=0.17）。具体参见表 4–1。对于老年富人的能力评价，采用层级线性回归分析，在控制了人口学变量以后，老年人能力评价和富人能力评价均能够预测老年富人的能力评价，并且富人的相对重要性高于老年人的相对重要性。

表 4–1　单维分类对交叉分类的作用的层级线性回归模型 1（n=104）

	热情评价			能力评价	
	β	t		β	t
年龄	0.10	0.12	年龄	0.04	0.41
性别	0.03	0.32	性别	–0.05	–0.48
经济	0.07	0.87	经济	0.02	0.24
户口	–0.03	–0.38	户口	–0.12	–0.13
老年人	0.51	6.44***	老年人	0.26	2.98**
富人	0.34	4.39***	富人	0.45	5.03***
	R^2=0.48			R^2=0.29	

注：户口包括两种类型：城市和农村，1 = 城市，2 = 农村。对于性别，1= 男生，2= 女生；*p<0.05，** p<0.01，***p<0.001。

针对社会上的中老年被试，我们同样进行了相应的调查。结果发现在对老年富人的热情评价中，老年人热情和富人热情均能够预测老年富人热情（β =0.27，p<0.01；β =0.31，p<0.001）。老年人的独特效应（UE，unique effect）是 0.08，富人热情的独特效应是 0.10。因此在对老年富人的热情评价中富人是主要的分类维度。在对老年富人的能力评价中，老年人能力和富人能力均能够预测老年富人的能力（β =0.33，p<0.001；β =0.41，p<0.001）。老年人的独特效应是 0.14，富人的独特效应是 0.20。因此在对老年富人能力的评价中，富人起到主要的作用。总体而言，对

于中老年人被试，在对老年富人的能力和热情评价中，富人是主要的分类维度。

4.3.3.2 年轻穷人的热情和能力评价

在对年轻穷人的能力评价中，我们同样做了层级回归模型，结果参见表 4–2，结果显示，在控制了人口学变量以后，穷人的能力评价能够显著预测年轻穷人的能力评价（β=0.35，p<0.01），但是年轻人能力评价并不能够预测年轻穷人的能力评价（β=0.04，p>0.05）。穷人分类的相对重要性（RW=0.11）显著高于年轻人分类的相对重要性（RW=0.01）。此外，对于年轻穷人的热情评价，年轻人热情评价和穷人热情评价均能够显著预测年轻穷人的热情评价，并且穷人分类的相对重要性显著高于年轻人的相对重要性。

表 4–2 单维分类对交叉分类的作用大小的层级线性回归模型 2（n=104）

	能力评价			热情评价	
	β	t		β	t
年龄	0.10	0.93	年龄	0.15	1.57
性别	–0.05	–0.50	性别	–0.16	–1.81
经济	0.02	0.15	经济	–0.15	–1.79
户口	–0.17	–1.76	户口	0.08	0.89
年轻人	0.04	0.42	年轻人	0.19	2.05*
穷人	0.35	3.56**	穷人	0.41	4.54***
	R^2=0.17			R^2=0.32	

注：户口包括两种类型：农村和城市，1 = 城市，2 = 农村。对于性别，1= 男生，2= 女生；*p<0.05，**p<0.01，***p<0.001。

针对中老年被试，我们进行了同样的调查。在对年轻穷人的热情评价中，年轻人热情和穷人热情均能够预测年轻穷人热情（β=0.22，p<0.05；β=0.34，p<0.01）。年轻人的独特效应是 0.05，穷人的独特效应是 0.11。在对年轻穷人的能力评价中，年轻人能力、穷人能力均能够显著预测年轻

穷人能力（β=0.24，$p<0.01$；β=0.61，$p<0.001$）。穷人的独特效应是0.41，年轻人的独特效应是0.10。因此在对年轻穷人的能力和热情的评价中，穷人是主要的分类。总体而言，对于中老年人被试，在对年轻穷人的能力和热情评价中，穷人分类是主要的分类维度。

4.3.3.3　老年穷人的热情和能力评价

对于老年穷人的热情评价，以老年穷人的热情评价为因变量，老年人的热情和穷人的热情为自变量做回归分析，见表4–3，结果表明老年人热情和穷人热情均能够显著预测老年穷人热情水平（β=0.34，$p<0.01$；β=0.49，$p<0.001$）。其中老年人的独特效应是0.12，穷人的独特效应是0.30，因此在对老年穷人的热情评价中，穷人身份的作用更大。在对老年穷人的能力评价中，以老年人能力和穷人能力为自变量做回归分析，结果表明老年人能力和穷人能力均能够预测老年穷人的能力水平（β=0.22，$p<0.01$；β=0.74，$p<0.001$）老年人能力的独特效应是0.11，穷人能力的独特效应是0.59，在对老年穷人的能力评价中，穷人单维分类的维度重要性更大。因此在对老年穷人的能力和热情评价中均是穷人身份更加突出。

表4–3　单维分类对交叉分类的作用大小的层级线性回归模型——老年穷人（n=104）

	能力评价			热情评价	
	β	t		β	t
年龄	–0.00	–0.02	年龄	–0.18	–1.95
性别	–0.04	–0.56	性别	–0.07	–0.78
经济	0.04	0.51	经济	0.04	0.37
户口	–0.06	–0.79	户口	0.01	0.07
老年人	0.22	2.93^{**}	老年人	0.34	3.49^{**}
穷人	0.74	10.10^{***}	穷人	0.49	5.46^{***}
	R^2=0.59			R^2=0.38	

注：户口包括两种类型：农村和城市，1 = 城市，2 = 农村。对于性别，1= 男生，2= 女生；$^{*}p<0.05$，$^{**}p<0.01$，$^{***}p<0.001$。

针对中老年被试，我们进行了同样的调查。在对老年穷人的能力评价中，只有穷人能力能够预测老年穷人能力评价（β=0.68，p<0.001）。穷人能力的独特效应是 0.37，老年人能力的独特效应是 0.005。因此在对老年穷人能力的评价中，穷人是主要的分类维度。在对老年穷人的热情评价中，老年人热情和穷人热情均能够显著预测老年穷人的热情（β=0.17，p<0.05；β=0.61，p<0.001）。老年人的独特效应是 0.05，穷人的独特效应是 0.38，因此在对老年穷人的热情评价中，穷人是主要的分类维度。总体而言，对中老年被试，在老年穷人的能力和热情评价中，穷人是主要的分类维度。

4.3.3.4 年轻富人的热情和能力评价

在对年轻富人的热情评价中，以年轻富人的热情评价为因变量，年轻人的热情和富人的热情为自变量做回归分析，见表 4–4，结果表明年轻人热情和富人热情均能够显著预测年轻富人热情评价（β=0.31，p<0.05；β=0.34，p<0.001）。年轻人热情的独特效应是 0.09，富人热情的独特效应是 0.15。因此在对年轻富人的热情评价中，富人是主要的分类。此外，在对年轻富人的能力评价中，以年轻人能力和富人能力为自变量，结果表明年轻人能力和富人能力均不能够预测年轻富人能力。

表 4–4 单维分类对交叉分类的作用大小的层级线性回归模型——年轻富人（n=104）

	能力评价			热情评价	
	β	t		β	t
年龄	–0.34	–3.07**	年龄	–0.19	–1.98
性别	–0.05	–0.43	性别	–0.09	–0.93
经济	0.10	0.85	经济	–0.03	–0.28
户口	–0.04	–0.35	户口	–0.02	–0.17
年轻人	0.02	0.19	年轻人	0.31	2.91**
富人	0.10	0.90	富人	0.34	3.25**
	R^2=0.08			R^2=0.28	

注：户口包括两种类型：农村和城市，1 = 城市，2 = 农村。对于性别，1= 男生，2= 女生；*p<0.05，**p<0.01，***p<0.001。

针对中老年被试，我们同样进行了相应的调查。结果发现在对年轻富人的能力评价中，只有年轻人能力能够预测年轻富人能力评价，富人能力不能够预测年轻富人能力评价（β=0.36，p<0.001；β=0.26，p<0.01）。年轻人的独特效应是0.14，富人的独特效应是0.08。因此在对年轻富人的能力评价中，年轻人是主要的分类。在年轻富人的热情评价中，年轻人热情和富人热情能够预测年轻富人的热情（β=0.36，p<0.001；β=0.30，p<0.01）。年轻人热情的独特效应是0.13，富人的独特效应是0.10，因此在对年轻富人的热情评价中，年轻人是主要的分类维度。

4.3.4 讨论

总结以上研究结果我们发现，在大学生被试群体对年轻穷人和老年穷人的能力和热情评价中，均是穷人的相对重要性高。但是在对老年富人的热情评价中，老年人的相对重要性比较高，而对老年富人的能力评价中，富人的相对重要性比较高。我们推测刻板印象程度比较高的分类是主要的分类。在对交叉分类群体的刻板印象评价中，最相关的、最容易接近（accessible）的单维分类常常容易突出出来，而被感知者识别（Bodenhausen，2010）。当情境信息没有提供时，这种可接近性的程度主要受到感知者本身对两个单维分类的刻板印象强度的影响。在对交叉分类群体的评价中，感知者具有比较强的刻板印象的那个分类常常是交叉分类个体评价过程中最主要的分类（Crisp & Hewstone，2006；Fazio，Jackson，Dunton，& Williams，1995）。

年轻大学生被试和老年人被试的结果存在差异，这证实了评价者的基本情况、评价者的身份特点会影响对交叉分类目标的评价。我们推测被试在评价他人时常常会跟自己比较，我们会寻找这个目标与我们的差异点来进行分类，这样能够达到区分你和我的作用。

4.4　实验 2c——评价者的情绪对单维分类功能重要性的影响

4.4.1　被试

来自中部地区某大学的 83 名学生参与了该研究，年龄从 18 到 25 岁（*M*=20.91，SD=1.20），包括 16 个男生（19.3%），67 个女生（80.7%）；41 个来自农村（49.4%），42 个来自城市（50.6%）；6 个人觉得自己非常穷（7.2 %），34 个人觉得自己有点穷（41.0%），42 个人觉得自己的家庭经济状况一般（50.6%），1 个人觉得自己有点富裕（1.2%）。

4.4.2　研究方法

4.4.2.1　研究过程

被试进入实验室，主试告诉被试需要完成两个不相关的研究：首先是故事回忆任务，其次是刻板印象评价问卷。被试了解实验程序后，签写知情同意书，并开始实验。实验结束后，向被试表示感谢并答疑。

4.4.2.2　研究材料

情绪控制：参考以往研究，情绪控制采用故事回忆任务（Huntsinger，et al.，2010），要求被试详细记录发生在自己身上的高兴或者悲伤的事，并且关注该事件过程中的情绪体验。其中 42 名被试回忆悲伤的事，41 名被试回忆高兴的事。

刻板印象评价：要求被试对老年人群体、富人群体和老年富人群体的能力和热情特质进行主观评价。能力包括以下三个特质词：高能力的、自信的和高效的。热情包括友好的、善良的和热情的三个特质词。采用五级评分，1 表示该群体具有非常少这种特质，5 表示该群体具有非常多这种特质。计算得出老年人热情、老年人能力、富人热情、富人能力、老年富人热情和老年富人能力六个分数。分数越高表示某群体具有非常多这种特质。这种从能力和热情两个角度来测量刻板印象的方法已经被广泛应用于刻板印象的研究中（Corcoran，et al.，2009；Kang，et al.，2014；Judd，James–Hawkins，Yzerbyt，& Kashima，2005）。

情绪控制检验：为了验证情绪控制的有效性，被试回答四道题描述自己当下的情绪状态（如“你现在是高兴 / 悲伤的”）（Huntsinger，et al.，2010）。题目采用 7 点评分，1 表示完全不符合，7 表示完全符合。悲伤的两道题目反向计分后，所有题目得分相加为最后分数，分数越高表示个体的情绪越积极。在本研究中，该问卷的内部一致性系数为 0.79。

4.4.3 研究结果

（1）情绪操作检验

本研究中的情绪操作控制是有效果的，F（1，81）=5.40，$p<0.05$，$\eta_p^2=0.06$。被试在消极情绪条件下（M=13.07，SD=3.56）要比在积极情绪条件下（M=14.68，SD=2.67）感觉更消极。

（2）对老年富人的热情评价

采用层级线性回归探索老年人热情、富人热情和老年富人热情关系中情绪的调节作用，第一层放入老年人的热情评价和富人的热情评价，以及情绪变量。情绪变量是虚拟变量，积极情绪设置为0，消极情绪设置为1。第二层包括两个交互项，分别为老年人热情和情绪的乘积项，富人热情和情绪的乘积项。第三层放入三个变量的乘积项。结果显示三项交互作用显著（β=−0.27，p<0.05）。为了进一步检验这种交互作用，我们分别在积极情绪和消极情绪下做回归分析。

首先在消极情绪下，我们分析单维分类刻板评价对交叉分类刻板评价的影响。第一层放入控制变量：年龄、性别和经济状况。第二层放入老年人的热情评价和富人的热情评价。老年富人的热情评价为因变量。结果显示，在控制了人口学变量以后，富人的热情评价能够显著预测老年富人的热情评价（β=0.52，t=2.41，p<0.05），但是老年人的热情评价并不能显著预测老年富人的热情评价（β=−0.06，t=−0.31，p>0.05）。结果与我们的研究假设一致，当评价者处于消极情绪状态时，在评价老年富人的热情特质的时候，富人是主要的分类。

在积极情绪下，依然采用层级线性回归，结果显示，在控制了人口学信息以后，老年人的热情评价能够显著预测老年富人的热情评价（β=0.36，t=2.28，p<0.05），但是富人的热情评价并不能够预测老年富人的热情评价（β=0.19，t=1.22，p>0.05）。该结果与我们的研究假设一致，在积极情绪条件下，评价老年富人的热情时，老年人分类是主要的分类。

（3）对老年富人的能力评价

采用层级线性回归探索老年人能力、富人能力和老年富人能力关系中情绪的调节作用，第一层放入老年人的能力评价和富人的能力评价，以及情绪变量。情绪变量是虚拟变量，积极情绪设置为0，消极情绪设置为1。第二层包括两个交互项，分别为老年人能力和情绪的乘积项，富人能力和

情绪的乘积项。第三层放入三个变量的乘积项。结果显示三项交互作用显著（β=–0.22，p<0.1）。为了进一步检验这种交互作用，我们分别在积极情绪和消极情绪下做回归分析。

首先在消极情绪下，我们分析单维分类刻板评价对交叉分类刻板评价的影响。第一层放入控制变量：年龄、性别和经济状况。第二层放入老年人的能力评价和富人的能力评价。老年富人的能力评价为因变量。结果显示，在控制了人口学变量以后，老年人的能力评价和富人的能力评价均不能够显著预测老年富人的能力评价（β=–0.11，t=–0.58，p>0.05；β=0.33，t=1.65，p>0.05）。

在积极情绪下，我们分析单维分类刻板评价对交叉分类刻板评价的影响。第一层放入控制变量：年龄、性别和经济状况。第二层放入老年人的能力评价和富人的能力评价。老年富人的能力评价为因变量。结果显示，在控制了人口学变量以后，富人的能力评价能够显著预测老年富人的能力评价（β=0.49，t=3.17，p<0.05），但是老年人的能力评价并不能够预测老年富人的能力评价。该研究的研究结果与我们的假设一致，在积极情绪条件下，评价老年富人的能力时，富人分类是主要的分类。

4.5 实验 2d——评价者的情绪和对比思维对单维分类功能重要性的影响

4.5.1 被试

106 名来自中部高校的学生参与了此次调查，年龄范围从 17 到 28 岁（M=20.82，SD=2.46），包括 19 名男生（17.9%），87 名女生（82.1%）；

54 人来自农村（50.9%），52 人来自城市（49.1%）；2 个人觉得自己的家庭经济情况比较穷(1.9%),24 人觉得自己的家庭经济情况有点穷(22.6%),73 人觉得自己的家庭经济情况处于一般水平（68.9%），7 人觉得自己的家庭经济情况有点富裕（6.6%）。

4.5.2　研究方法

4.5.2.1　研究过程

被试进入实验室，主试告诉被试需要完成三个不相关的研究：首先是听音乐任务，其次要求被试寻找两张图片中的相似处或者差异处。被试先听 5 分钟音乐，此后伴随着音乐完成后面的图片评价任务（Huntsinger，et al.，2010），最后完成刻板印象评价问卷。被试了解实验程序后签写知情同意书，并开始实验。实验结束后向被试表示感谢并答疑。

4.5.2.2　研究材料

情绪操纵：告诉被试该任务的目的是筛选音乐材料用于后续科学研究。被试听莫扎特的 *Eine Kleine Nacht Musik* 以诱发积极情绪体验，或者听马勒的 *Symphony No. 5–Adagietto* 以诱发消极情绪体验（Wang，Wang，& Chen，2015）。

对比思维操纵：告诉被试该任务的目的是筛选图片材料用于后续科学研究。呈现给被试两张既有相似点又有不同点的图片，两张图片打印在同一张纸上，要求被试写出两张图片的相似点或者差异点（Mussweiler，2001）。

刻板印象评价：参见实验 2c，要求被试对老年人群体、富人群体和老

年富人群体的能力和热情特质进行主观评价。

情绪控制检验：参见实验 2c。

4.5.3 研究结果

（1）情绪操作检验

本研究中的情绪操作控制是有效果的，F（1，106）=116.67，p<0.001，η_p^2=0.52。被试在消极情绪条件下（M=10.12，SD=0.41）要比在积极情绪条件下（M=16.32，SD=0.40）感觉更消极。

（2）对老年富人的热情评价

首先在消极情绪和相似对比思维条件下，我们分析单维分类刻板评价对交叉分类刻板评价的影响。第一层放入控制变量：年龄、性别和经济状况。第二层放入老年人的热情评价和富人的热情评价。老年富人的热情评价为因变量。结果显示，在控制了人口学变量以后，老年人的热情评价能够显著预测老年富人的热情评价（β=0.42，t=2.19，p<0.05），但是富人的热情评价并不能显著预测老年富人的热情评价（β=–0.12，t=–0.73，p>0.05）。而在消极情绪和差异对比思维条件下，结果显示富人的热情评价能够显著预测老年富人的热情评价 （β=0.51，t=2.50，p<0.05），但是老年人的热情评价并不能够预测老年富人的热情评价（β=0.13，t=0.64，p>0.05）。

在积极情绪和相似对比思维条件下，我们分析单维分类刻板评价对交叉分类刻板评价的影响。第一层放入控制变量：年龄、性别和经济状况。第二层放入老年人的热情评价和富人的热情评价。老年富人的热情评价为因变量。结果显示，在控制了人口学变量以后，老年人的热情评价和富人的热情评价均不能够显著预测老年富人的热情评价（β =0.14，t=0.62，p>0.05；β =–0.18，t=–0.84，p>0.05）。在积极情绪和差异对比思维条件下，老年人的热情评价和富人的热情评价均不能够显著预测老年富人的热情评价（β =0.04，t=0.19，p>0.05；β =0.36，t=1.61，p>0.05）。

（3）对老年富人的能力评价

在消极情绪和相似对比思维条件下，结果显示，在控制了人口学变量以后，老年人的能力评价和富人的能力评价均不能够显著预测老年富人的能力评价（β =0.19，t=1.01，p>0.05；β =0.33，t=1.78，p>0.05）。在消极情绪和差异对比思维条件下，结果显示，在控制了人口学变量以后，老年人的能力评价和富人的能力评价也均不能够显著预测老年富人的能力评价（β =0.28，t=1.34，p<0.05；β =–0.07，t=–0.32，p>0.05）。

在积极情绪和相似对比思维条件下，结果显示，在控制了人口学变量以后，老年人的能力评价和富人的能力评价均不能够显著预测老年富人的能力评价（β =0.08，t=0.33，p>0.05；β =0.26，t=1.01，p>0.05）。在积极情绪和差异对比思维条件下，结果显示，在控制了人口学变量以后，老年人的能力评价和富人的能力评价也均不能够显著预测老年富人的能力评价（β =0.05，t=0.22，p>0.05；β =0.19，t=0.90，p>0.05）。

第 5 章　被评价目标所处的情境对单维分类功能重要性的影响

研究三分析多重分类目标所处情境对单维分类的功能重要性的影响。目标所处的情境包括两种情境，第一种情境是关注目标分类的独特性，从单维分类来讲就是一个年轻人在一群老年人中间。从交叉分类来讲就是一个年轻穷人在一群老年穷人中。我们推测在上述两个情况下，这个目标的年轻人身份均是突出的。第二种情境是关注群体意见的分歧，即在一个团体讨论中，一群老年人和一群年轻人的意见存在分歧，此时年龄维度是突出的。基于此，我们采用两个实验来分别探索被评价者所处的情境对单维分类功能重要性的影响。实验 3a 探讨目标分类的独特性对分类权重的影响。实验 3b 探讨群体意见的分歧对分类权重的影响。基于以往文献综述，我们做出以下假设。

H3a：情境中独特的、清晰的、突出的分类是主要的分类。

H3b：两个群体成员的意见出现分歧时，区分这两个群体的分类是主要分类。

被评价目标的具体行为也是一种情境因素，因此，我们也关注目标的具体行为对单维分类功能重要性的影响，目标的具体行为主要突显在能力行为和热情行为两个方面。能力又包括成功行为和失败行为，热情包括高热情行为和低热情行为。我们关注评价者对做了不同行为的同一目标的评价中，是否起主要作用的分类维度会不尽相同。同研究二一样，秉承着由简到难的研究顺序，本研究只关注穷富和年龄分类组成的交叉分类目标，本研究探索两个单维分类评价与交叉分类评价的关系，并且探索情境（即高 / 低热情或能力行为）在其中的调节作用。

拟从内隐和外显两个评价方法来探索该问题。外显评价是基于刻板印象内容模型（Fiske & Toylar，2007），从能力和热情两个角度对做了不同行为的目标的能力或者热情特质进行主观的评价。然后通过回归分析和相对重要性分析 / 优势分析探索在对交叉分类群体的评价中，哪一个单维分类起到的独特效应更大。内隐评价是基于刻板印象解释偏差的理论知识（Sekaquaptewa & Espinoza，2004），人们会基于群体刻板印象对该群体的行为给出不同的解释，归因解释偏好是群体刻板印象的反映。在本研究中我们通过归因积极性的主观评价来间接衡量被试对该群体的内隐刻板印象评价。

此外，基于矛盾的交叉分类群体和一致的交叉分类群体本身特质的差异，分类权重的探讨涉及不同的机制，因此我们分别从矛盾的交叉分类群体和一致的交叉分类群体来探索目标的行为对分类权重的影响。矛盾的交叉分类目标的某一行为会出现两个类型的分类：一个做了符合刻板印象行为的分类（比如老年富人做了高热情行为时，老年人分类是做了符合

刻板印象行为的分类），另一个是做了不符合刻板印象行为的分类（在上述例子中，富人就是做了不符合刻板印象行为的分类）（Song & Zuo，2016）。根据以往社会心理学的研究，违反刻板预期的目标和个体总是会受到人们更多的关注和认知加工，因此我们推测做了违反刻板预期行为的分类是主要的分类。基于以上内容，我们做出以下假设。

H3c：老年富人做了高热情的事时，富人分类的重要性大。老年富人做了低热情的事时，老年人分类的重要性大。老年富人做了高能力的事时，老年人分类的重要性大。老年富人做了低能力的事时，富人分类的重要性大。年轻穷人做了高热情的事时，年轻人分类的重要性大。年轻穷人做了低热情的事时，穷人分类的重要性大。年轻穷人做了高能力的事时，穷人分类的重要性大。在年轻穷人做了低能力的事时，年轻人分类的重要性大。

对于一致的交叉分类群体，两个单维分类的刻板印象的方向是一致的，比如年轻富人，我们认为年轻人和富人均是高能力、低热情的（Song & Zuo，2017），因此当一致的交叉分类群体做了某种行为时，只会同时出现两个做了符合刻板印象行为的单维分类或者两个都做了违反刻板预期行为的单维分类，我们推测此时刻板印象强度本身依然起着重要的作用。因此，我们推断如下。

H3d：对于老年穷人和年轻富人目标，当其做了高 / 低热情 / 能力行为时，刻板印象程度较高的分类是主要的分类。

5.1 实验 3a——目标分类的独特性

实验 3a 以穷富分类和年龄分类组成的交叉分类为目标，关注某种情境下分类的独特性对单维分类功能重要性的影响，我们推测情境中独特的、清晰的分类是交叉分类目标的主要分类。

5.1.1 被试

122名大学生参与研究，年龄范围从17到25岁。23个男生，99个女生。81个学生来自农村，41个学生来自城市。7个人觉得自己的家庭经济收入非常贫穷，47个被试觉得自己的家庭条件有点穷，62个觉得自己家庭经济条件属于中等，6个人觉得自己的家庭经济条件有点富裕。

5.1.2 研究方法

5.1.2.1 实验程序

本实验具体过程如下：①参与者进入实验室后，告知要完成一个心理学实验，承诺参与者的个人信息将完全保密，强调实验纪律，并告知实验流程，被试填写完个人情况后开始实验；②将被试随机分为三种实验情境，分别突出年轻穷人目标的年轻人身份或者穷人身份；③每一组情境描述后，要求被试回答以下三类问题：交叉分类目标的单维分类的突出性，评价年轻穷人目标的能力和热情，并且测量被试的年龄和穷富刻板印象。

5.1.2.2 研究材料

单维分类突出性操纵：告诉被试如下情境。在一场面向广大人民群众的会议中，组委会随机将参会者分成了6人一组进行小组讨论，讨论的问题涉及方方面面，要求被试关注6个人中的某一个目标（年轻穷人目标）。实验组1中，告诉被试“1个年轻穷人与5名年轻富人在一起讨论问题”，实验1为穷富信息突出组。实验组2中，告诉被试“1个年轻穷人与5名

老年穷人在一起讨论问题”，实验 2 为年龄信息突出组。实验组 3 中，告诉被试“2 个年轻穷人与 2 个年轻富人和 2 个老年穷人在一起讨论问题”，实验 3 为控制组。

单维分类的突出性：采用两道题目测量交叉分类目标的单维分类突出性（题目：在该情景中，这个年轻穷人目标的哪一个身份是突出的；在该情景中，你会使用哪一个分类来定义这个目标）。

特质评价：包括能力和热情两个维度来评价交叉分类目标。能力相关特质词包括有能力的、有才能的和自信的三个特质词汇，热情特质词包括热情的、友好的和善良的三个特质词汇，要求被试评价目标具有上述特质的程度，采用 5 级评分（1= 一点也没有这种特质，5= 具有非常多这种特质），分数越高，代表人们觉得该目标具有非常多这种特质。这种测量方法已经被广泛使用，并被证实是科学有效的（Song & Zuo，2016）。

年龄和热情刻板印象：采用中心特质评价法对刻板印象进行外显测量，要求被试评价老年人和年轻人拥有能力和热情相关特质的程度。老年人热情特质得分总和减去年轻人热情特质得分为年龄热情刻板印象得分，年轻人能力得分总和减去老年人能力得分为年龄能力刻板印象得分。分数越高代表年龄刻板印象程度越高。这种刻板印象的测量方法在以往研究已经被证实是科学有效的。此外，我们采用同样方法计算穷富刻板印象程度。

5.1.3 研究结果

对于问题：“在该情景中，这个目标的哪一个身份是突出的？”年轻人编码为 1，穷人编码为 2，均不突出编码为 0。我们分别采用卡方分析和方差分析进行分析。其中卡方分析结果表明实验操纵的三种类型实验条件下的突出身份存在显著的差异（$p<0.05$），穷富突出组条件下人们普遍认为这个年轻穷人目标的穷人身份是突出的。方差分析结果显著，F（2，119）=23.65，$p<0.001$。穷富突出组被试（M=1.61）和年龄突出组被试（M=1.07）相比于控制组（M=0.79）均倾向于认为在该情景下某一个分类是突出的，并且穷富突出组被试要比年龄突出组被试更多地认为穷人身份是突出的。这与我们的假设一致，当一个年轻穷人在一群年轻富人群体中时，我们有更大的可能性认为这个年轻穷人的穷人身份是突出的。

对于问题："在该情景中，你会使用哪一个分类来定义这个目标？"将选项中年轻人编码为 1，穷人编码为 2，卡方分析结果表明实验操纵的三种类型在身份定义上存在显著的差异（χ^2=7.40，$p<0.05$），穷富突出组被试更多地按照穷人分类定义这个年轻穷人目标。方差分析结果也显著，F（2，119）=3.84，$p<0.05$。穷富突出组被试要比年龄突出组被试有更大的可能性使用穷人信息来定义年轻穷人目标。这与我们的研究假设一致，当一个年轻穷人在一群年轻富人群体中时，我们更多地会使用穷人分类来定义年轻穷人目标。

对年轻穷人目标的热情评价中，我们采用单因素方差分析，结果发现穷富突出组、年龄突出组和控制组三组被试对该年轻穷人的热情评价并不存在显著的差异，F（2，119）=0.03，$p>0.05$，事后检验结果显示各个组之间也并不存在显著差异。

对于该年轻穷人的能力评价，方差分析上结果是显著的，F（2，119）=2.84，p=0.06，事后检验结果表明穷富突出组被试（M=11.44）对该年轻穷人的能力评价显著高于控制组（M=10.08）。这与我们的假设相反，突出这个年轻穷人的穷人信息以后，我们对这个个体的能力评价反倒提高了。

我们推测当一个年轻穷人即便随机放在一群年轻富人群体中时，因为群体的晕染效应，人们会想这个穷人一定是具备某些才能才跟一群富人在一起，因此对这个年轻穷人的能力评价增加。

采用方差分析比较三组被试的年龄热情和能力刻板印象的差异，方差分析结果均不显著，$F(2, 119)=0.15$，$p>0.05$；$F(2, 119)=0.59$，$p>0.05$。再者，采用方差分析比较三组被试的穷富热情和能力刻板印象的差异，方差分析结果也均不显著，$F(2, 119)=0.36$，$p>0.05$；$F(2, 119)=0.26$，$p>0.05$。即突出交叉分类目标的不同分类会影响分类的突出性，也会影响对交叉分类目标的评价，但是并不会影响刻板印象强度。

5.1.4　讨论

研究指出在某一情境中最突出的分类是定义该目标的最主要的分类，这与我们的研究假设一致（Crsip & Hewstone，2006）。但是对这个目标的评价并没有因为穷人身份而认为其是低能力的，相反相比于其他情境认为这个年轻穷人目标是高能力的。这说明人们对交叉分类目标的评价并不会简单地按照突出的身份来评价这个目标，而是考虑到目标所处的整个环境。这个研究结果具有一定意义，交叉分类群体中的某一个分类即便是突出的，我们也并不一定会按照这个突出的分类评价该目标。突出的分类是我们描述某一个目标的主要分类，但是并不见得人们会采用这个分类的刻板印象来评价该目标。情境的作用并没有想象中那么简单，即便是随机将一个年轻穷人与一群年轻富人分配在一起讨论问题，我们依然会觉得这个年轻穷人可能具有某种高能力才能够和一群年轻富人在一起。这也可能跟心理学上的红皮鞋效应有一定关联。一群西装革履的人中有一个人穿了红皮鞋时，我们会推测这个人的能力更高，群体中更独特更突出的人会被认为是高地位和高能力的。

5.2　实验 3b——群体意见的分歧

5.2.1　被试

122个被试，年龄从17到28岁。18个男生，104个女生。82个来自农村，40个来自城市（实验 3b 的被试与实验 3a 的被试是完全不同的个体）。

5.2.2　研究方法

5.2.2.1　实验程序

本实验具体过程如下：①进入实验室后，告知参与者要完成一个心理学实验，承诺参与者的个人信息将完全保密，强调实验纪律，并告知实验流程，被试填写完个人情况后开始实验；②将被试随机分为三种实验情境，分别突出年轻穷人目标的年轻人身份或者穷人身份；③每一组情境描述后，要求被试回答以下三类问题：交叉分类目标的单维分类的突出性，评价年轻穷人目标的能力和热情，并且测量被试的年龄和穷富刻板印象程度。

5.2.2.2　研究材料

单维分类突出性操纵：被试被随机分为三组。实验组 1 为穷富突出组，有 8 个人（2 个老年富人，2 个年轻富人，2 个老年穷人，2 个年轻穷人），他们在一起讨论问题，其中 2 个老年富人，2 个年轻富人与 2 个老年穷人和 2 个年轻穷人的意见出现了分歧。实验组 2 为年龄突出组，8 个人中其

中2个老年富人、2个老年穷人与2个年轻富人、2个年轻穷人意见存在分歧。实验组3中，8个人中其中1个老年富人，1个年轻富人，1个年轻穷人，1个老年穷人，与另外4个人的意见不一致。实验情境操纵后，要求被试回答以下问题：①询问被试觉得是什么原因导致这种意见分歧？②上述情境中，哪一个分类是突出的？③上述情景中，会使用哪一分类来界定年轻穷人？④对年轻穷人目标的能力和热情特质评价，并且测量年龄和穷富刻板印象。

年龄刻板印象和穷富刻板印象：参见实验3a。

能力和热情特质评价：参见实验3a。

单维分类的突出性：参见实验3a。

5.2.2.3 数据分析方法

采用单因素方差分析比较三组被试对交叉分类目标身份定义的差异，对交叉分类目标的评价的差异，同时比较三组被试的年龄与穷富刻板印象的差异。

5.2.3 研究结果

对于问题："上述情境中，哪一个分类是突出的？"卡方分析结果表明三个实验操纵组被试的身份定义存在显著的差异（χ^2=46.40，p<0.05），穷富突出组被试具有更大的可能性认为年轻穷人目标的穷人身份是突出的。方差分析结果也是显著的，F（2，119）=9.25，p<0.001。事后检验结果表明年龄突出组被试要比穷富突出组被试更多地认为目标的年龄分类是突出的。这与我们的假设一致，当一个群体中的老年人群体和年

轻人群体的意见不一致时，年龄分类是突出的。而当一个团体中的穷人群体和富人群体意见不一致时，穷富分类是突出的。

对于问题：“上述情景中，你会使用哪一个分类定义这个年轻穷人？”卡方分析结果表明三个实验操纵组被试的身份定义并不存在显著的差异（χ^2=3.34，p>0.05）。方差分析结果并不显著，F（2，119）=0.61，p>0.05。事后检验也指出各个实验组之间并没有显著的差异，即虽然在该情境下穷富分类是突出的，但是被试仍倾向使用年轻人来定义这个年轻穷人目标。

采用单因素方差分析探索三组被试对年轻穷人目标的能力和热情评价的差异。方差分析结果表明人们对年轻穷人的热情和能力评价均不存在组别差异，F（2，119）=1.97，p>0.05；，F（2，119）=0.04，p>0.05。即不管是穷富意见分歧组、年龄意见分歧组还是控制组被试对年轻穷人目标的能力和热情评价均没有显著的差异。

此外，我们采用方差分析比较三组被试刻板印象程度的差异，结果发现三组被试的年龄热情刻板印象、年龄能力刻板印象、穷富热情刻板印象、穷富能力刻板印象均不显著，F（2，119）=0.29，p>0.05；F（2，119）=1.53，p>0.05；F（2，119）=0.26，p>0.05；F（2，119）=1.19，p>0.05。即不管是穷富意见分歧组、年龄意见分歧组还是控制组被试的年龄刻板印象和穷富刻板印象并不存在显著的差异。

5.2.4　讨论

穷人和富人群体的意见存在分歧时，年轻穷人目标的穷人分类是突出的，但是人们仍然采用年轻人身份来定义这个年轻穷人。然而在实验 3a 中，一个年轻穷人与一群年轻富人一起时，这个年轻穷人目标的穷人身份是突出的，同时被试也更多地愿意使用穷人分类来定义这个目标。对于以上结果差异，我们推测可能是因为如下原因：在对年轻穷人目标的身份定义上，被试本身就是具有倾向性的，只有情境的作用大于这种倾向性时才会出现显著的变化。比如针对年轻人而言，他们的穷富分类是非常不稳定的社会分类，年轻人有无数的发展可能性，经过几年的奋斗有可能发家致富，还有不少年轻人没有走向工作岗位或者刚刚走向工作岗位，此时的经济收入具有很大的进步空间。因此目标的穷富分类并不是准确的和稳定的，进而针对年轻穷人，人们倾向于使用年轻人这个社会分类来定义这个目标。

5.3 实验 3c——目标的具体行为对单维分类功能重要性的影响（外显评价）

实验 3c 从外显评价出发探索在对交叉分类目标的能力和热情评价中，哪一个单维分类的作用更大。

5.3.1 被试

89 个人评价了目标的能力和热情特质。年龄从 17 到 28 岁。男生 7 人，女生 82 人。农村居民 53 人，城市居民 36 人。34 个人觉得自己的经济状况有点贫穷，47 个人觉得自己的经济状况一般，8 个人觉得自己的经济状况有点富裕。

5.3.2 研究方法

5.3.2.1 实验程序

告诉被试某一个人做了高 / 低能力 / 热情行为，让被试对该目标的能力和热情进行评价。每一个事件都包括三个目标：两个单维分类目标和一个交叉分类目标。以老年富人为例，首先告诉被试一个老年人目标做了这件事情，请对其的能力和热情特质进行评价。再告诉被试一个富人目标做了这件事，请对其的能力和热情特质进行评价。最后告诉被试一个老年富人目标做了这件事，请对该目标进行评价。

5.3.2.2　实验任务

要求被试评价做了不同行为的年轻人、老年人、穷人、富人、年轻穷人、老年富人、老年穷人和年轻富人的能力和热情特质。能力采用三个词汇：有能力的，有才能的和自信的。热情采用三个词汇：热情的，善良的，友好的。要求被试根据自己的理解，评价目标具有上述品质的程度，1 代表具有很少这种品质，5 代表具有非常多这种品质。

5.3.2.3　情境任务

情境选自以往研究，高热情行为：帮助盲人过马路；收养了很多流浪小动物。低热情行为：陌生人问路，但是没有帮忙；别人东西撒了一地，没有帮忙捡起来。高能力行为：取得了公司优秀员工奖；拿下了一个项目，申请了专利。低能力行为：面试失败；没有拿下一个项目。

5.3.2.4　数据方法

分析单维分类刻板评价对交叉分类刻板评价的影响，比如，分析人们对年轻人的热情 / 能力评价、对穷人的热情 / 能力评价与人们对年轻穷人的热情 / 能力评价的关系。此外热情包含了高热情和低热情两种情境，能力包括了成功情境和失败情境，因此我们进一步关注情境在其中的调节作用。

5.3.3 研究结果

5.3.3.1 老年人热情和富人热情对老年富人热情的影响中情境的调节作用

我们采用层级线性回归分析单维分类与交叉分类评价的关系中情境的调节作用。第一层包括老年人的热情评价、富人的热情评价和情境。情境转化为一个哑变量，低热情 / 能力是 0，高热情 / 能力是 1。第二层包括情境和老年人热情的乘积项、情境和富人热情的乘积项。第三层放入三个自变量的乘积项。由表 5-1 可知情境和老年人热情评价的乘积项能够显著预测老年富人热情（β =-0.17，p<0.05）。为了进一步分析这种交互作用，我们在高热情情境和低热情情境下分别作层级线性回归分析。

表 5-1 单维分类刻板印象评价与交叉分类刻板印象评价的关系

		热情评价		能力评价	
		β	t	β	t
模型 1	老年人	0.40	5.76***	0.44	5.92***
	富人	0.37	4.87***	0.12	1.76
	情境	0.11	1.57	–0.13	–1.85
		R^2=0.68		R^2=0.31	
模型 2	老年人	0.51	5.88**	0.44	3.89***
	富人	0.32	3.08**	0.18	1.91
	情境	0.14	1.86†	0.25	0.52
	情境 × 老年人	–0.17	–2.09*	0.01	0.03
	情境 × 富人	0.08	0.89	–0.39	–0.93
		R^2=0.69		R^2=0.32	
模型 3	老年人	0.51	5.87***	0.44	3.88***
	富人	0.32	3.07**	0.18	1.91
	情境	0.13	1.54	–0.52	–0.39
	情境 × 老年人	–0.16	–1.59	0.84	0.60
	情境 × 富人	0.08	0.65	0.40	0.29
	情境 × 富人 × 老年人	–0.01	–0.07	–0.87	–0.62
		R^2=0.69		R^2=0.69	

续表

		热情评价		能力评价	
		β	t	β	t
模型 1	年轻人	0.54	9.54***	0.16	2.75**
	穷人	0.20	3.38**	0.60	10.13***
	情境	−0.20	−3.22**	0.23	3.85***
		R^2=0.69		R^2=0.83	
模型 2	年轻人	0.46	4.13***	0.09	1.08
	穷人	0.36	3.48**	0.67	8.99***
	情境	0.07	0.30	0.24	3.96***
	情境 × 年轻人	0.12	0.67	0.12	1.59
	情境 × 穷人	−0.35	−1.92*	−0.11	−1.50
		R^2=0.70		R^2=0.83	
模型 3	年轻人	0.46	4.16***	0.09	1.11
	穷人	0.36	3.51**	0.67	9.19***
	情境	−0.29	−0.95	0.20	3.43**
	情境 × 年轻人	0.55	1.89	0.24	2.76**
	情境 × 穷人	0.11	0.37	−0.03	−0.42
	情境 × 年轻人 × 穷人	−0.53	−1.90*	−0.19	−2.50*
		R^2=0.71		R^2=0.84	

注：情境是哑变量（虚拟变量），低热情或者低能力情境为 0，高热情或者高能力情境为 1. 情境和单维分类的能力或者热情评价的乘积项是交互作用项。†p<0.1 *p<0.05，**p<0.01，***p<0.001。

由表 5–2 可知，在低热情情境下，第一层放入控制变量：年龄、性别、个人经济状况和户口。第二层放入老年人热情评价、富人热情评价，因变量为老年富人热情评价。层级线性回归结果表明，在控制了人口学变量以后，老年人热情评价和富人热情评价均能够显著预测老年富人的热情评价（β=0.49, p<0.001; β=0.26, p<0.01），老年人分类的相对重要性（RW=0.28）显著高于富人分类的相对重要性（RW=0.14）。

而在高热情情境下，老年人热情评价和富人热情评价均能够显著预测老年富人热情评价（β=0.22，p<0.05；β=0.44，p<0.001），富人分类的相对重要性（RW=0.20）显著高于老年人分类的相对重要性（RW=0.09）。

我们发现老年富人做了不同的热情行为时，主要的分类维度并不相同。

表 5-2 在具体情境中单维分类对交叉分类刻板评价的影响

因变量	自变量	低热情 / 低能力		高热情 / 高能力	
		β	t	β	t
老年富人的热情评价	年龄	0.03	0.37	0.11	1.11
	性别	−0.06	−0.65	0.09	0.95
	经济	−0.11	−1.21	0.27	2.83^{*}
	户口	0.04	0.49	−0.07	−0.74
	老年人	0.49	5.43^{***}	0.22	2.24^{*}
	富人	0.26	2.83^{**}	0.44	4.49^{**}
		R^2=0.44		R^2=0.36	
老年富人的能力评价	年龄	−0.03	−0.27	−0.07	−0.66
	性别	0.11	1.08	−0.10	−0.92
	经济	0.14	1.22	0.14	1.25
	户口	−0.11	−0.99	0.07	0.64
	老年人	0.43	3.92^{***}	0.42	3.78^{***}
	富人	0.03	0.27	0.13	1.22
		R^2=0.25		R^2=0.24	
年轻穷人的热情评价	年龄	−0.14	−1.56	0.02	0.22
	性别	0.09	1.03	−0.18	−2.13
	经济	−0.02	−0.25	0.04	0.41
	户口	0.08	0.79	0.05	0.47
	年轻人	0.64	7.32^{***}	0.43	4.44^{***}
	穷人	0.13	1.50	0.38	3.83^{***}
		R^2=0.45		R^2=0.49	
年轻穷人的能力评价	年龄	0.31	3.56^{**}	0.19	$1.97^{\dagger}$
	性别	0.03	0.32	0.07	0.70
	经济	−0.06	−0.67	−0.03	−0.30
	户口	0.13	1.40	−0.07	−0.71
	年轻人	0.04	0.43	0.30	3.11^{**}
	穷人	0.77	8.57^{***}	0.52	5.09^{***}
		R^2=0. 68		R^2=0. 62	

注：户口包括农村户口和城市户口两种类型。$^{\dagger}p<0.1$，$^{*}p<0.05$，$^{**}p<0.01$，$^{***}p<0.001$。

5.3.3.2 老年人能力和富人能力对老年富人能力的影响中情境的调节作用

我们采用层级线性回归分析老年人能力评价和富人能力评价与老年富

人能力评价的关系中情境的调节作用。第一层包括老年人的能力评价、富人的能力评价和情境。情境是哑变量，低热情/能力是0，高热情/能力是1。第二层包括情境和老年人能力的乘积项、情境和富人能力的乘积项。第三层放入三个自变量的乘积项。由表 5–1 可知在各个模型中交互项的作用均不显著。但是为了更清晰地说明每一种情境下的结果，我们仍然分别在低能力和高能力情境下做了线性回归分析。

在低能力情境下，第一层放入控制变量：年龄、性别、户口和经济状况。第二层是老年人能力、富人能力为自变量，老年富人能力为因变量。层级线性回归分析结果表明只有老年人能力能够预测老年富人的能力评价，富人能力评价并不能够预测老年富人的能力评价（β=0.43，p<0.001；β=0.03，p>0.05）。老年人分类的独特效应是 0.40，富人分类的独特效应是 0.02。因此在对老年富人的能力评价中，老年人是主要的分类维度，富人是次要的分类维度。参见表 5–2。

在高能力情境下，以老年人能力、富人能力为自变量，老年富人能力为因变量做回归分析，结果表明富人能力不能够预测老年富人的能力，老年人能力能够显著预测老年富人的能力（β=0.13，p>0.05；β=0.42，p<0.001）。富人的独特作用是 0.04，老年人的独特作用是 0.15。因此成功情境下，老年人分类的独特作用显著大于富人分类的作用，老年人是主要的分类维度，富人是次要的分类维度。由此可知不管高能力还是低能力情境下，对老年富人的能力评价中，老年人均是主要的分类维度。参见表 5–2。

5.3.3.3 年轻人热情和穷人热情对年轻穷人热情的影响中情境的调节作用

为了分析年轻人热情、穷人热情对年轻穷人热情评价的影响中情境的调节作用，我们采用线性层级回归。第一层放入年轻人热情评价、穷人热情评价和情境变量。第二层放入情境和年轻人热情评价的交互项、情境和穷人热情评价的交互项。第三层放入情境和年轻人热情评价与穷人热情评价的三项乘积项。由表 5–1 可知，在模型三中，三个自变量的乘积项的作用是显著的。为了更加清晰地探索其中的交互作用，我们分别在高热情和低热情情境下做线性回归分析。

在低热情情境下，第一层放入控制变量：年龄、性别、户口和经济状况。第二层是年轻人热情评价、穷人热情评价为自变量，年轻穷人热情评价为因变量。由表 5–2 可知，回归分析结果表明只有年轻人热情能够显著预测年轻穷人热情（β=0.64，p<0.001），但是穷人热情不能预测年轻穷人的热情（β=0.13，p>0.05）。年轻人的独特效应是 0.40，穷人的独特效应是 0.02，因此在对做了低热情行为的年轻穷人的热情评价中，年轻人是主要的维度，穷人是次要的分类维度。

在高热情情境下，以年轻人热情和穷人热情为自变量，年轻穷人为因变量做回归分析，结果表明在控制了人口学变量以后，穷人热情和年轻人热情均能够显著预测年轻穷人的热情（β=0.38，p<0.001；β=0.43，p<0.001）。年轻人的独特效应为 0.19，穷人的独特效应为 0.15。因此在做了高热情行为的年轻穷人的热情评价中，年轻人是主要的分类维度，穷人是次要的分类维度。由此可知，不管是在高热情，还是低热情情境下，对年轻穷人的热情评价中，年轻人均是主要的分类维度。

5.3.3.4　年轻人能力和穷人能力对年轻穷人能力的影响中情境的调节作用

为了分析年轻人能力、穷人能力对年轻穷人能力的影响中情境的调节作用，我们采用线性层级回归。第一层放入年轻人能力评价、穷人能力评价和情境变量。第二层放入情境和年轻人能力评价的交互项、情境和穷人能力评价的交互项。第三层放入情境和年轻人能力评价及穷人能力评价的三项乘积项。由表 5–1 可知，三个自变量的乘积项的作用是显著的（β=-0.19，p<0.05）。此后我们分别在成功和失败情境下分别做线性回归分析。

由表 5–2 可知，在低能力情境下，第一层放入控制变量：年龄、性别、户口、经济状况。第二层是年轻人能力评价、穷人能力评价，年轻穷人能力评价为因变量。线性回归结果表明，穷人能力评价能够显著预测年轻穷人能力评价（β=0.77，p<0.001），但是年轻人能力评价不能够显著预测年轻穷人的能力评价（β=0.04，p>0.05）。穷人分类（RW=0.53）的相对重要性显著高于年轻人分类。

在高能力情境中，回归分析结果表明年轻人能力和穷人能力均能够显著预测年轻穷人的能力评价（β=0.30，p<0.01；β=0.52，p<0.001）。穷人分类的相对重要性（RW=0.36）显著高于年轻人分类的相对重要性（RW=0.23）。

5.3.3.5　老年人热情和穷人热情与老年穷人热情的关系中情境的调节作用

为了探索单维分类和交叉分类评价之间的关系，并探讨情境的调节作用，我们采用层级线性回归分析。第一层放入老年人热情评价、穷人热情

评价和情境。第二层放入情境和老年人热情的交互项、情境和穷人热情的交互项。第三层放入三项乘积项。结果表明在模型 2 和模型 3 中情境和穷人热情评价的交互项均是显著的，参见表 5-3。因此我们将分别在高热情和低热情情境下做回归分析。

表 5-3　单维分类刻板印象评价与交叉分类刻板印象评价的关系中情境的调节作用的层级线性回归分析——一致的交叉分类群体

		能力评价		热情评价	
		β	t	β	t
模型 1	老年人	0.55	8.88***	0.40	5.99***
	穷人	0.27	4.68***	0.25	3.61***
	情境	0.10	1.90	0.24	3.78***
		R^2=0.65		R^2=0.54	
模型 2	老年人	0.53	6.61***	0.42	5.07***
	穷人	0.46	5.73***	0.36	4.37***
	情境	0.64	2.84**	0.76	2.92**
	情境 × 老年人	0.19	0.71	0.10	0.03
	情境 × 穷人	−0.83	−3.20**	−0.71	−2.19*
		R^2=0.67		R^2=0.55	
模型 3	老年人	0.53	6.93***	0.42	5.09***
	穷人	0.48	6.01***	0.36	4.38***
	情境	2.61	5.17***	1.87	2.31*
	情境 × 老年人	−1.86	−3.45***	−1.07	−1.24
	情境 × 穷人	−3.34	−5.27***	−1.98	−2.12*
	情境 × 穷人 × 老年人	2.68	4.31***	1.38	1.45
		R^2=0.70		R^2=0.56	
模型 1	年轻人	0.53	11.45***	0.26	3.28***
	富人	0.20	3.07***	0.29	4.58***
	情境	0.17	3.44***	0.31	4.27***
		R^2=0.67		R^2=0.47	
模型 2	年轻人	0.40	6.79***	0.25	2.03*
	富人	0.36	5.30***	0.29	2.83**
	情境	0.16	0.89	0.17	0.38
	情境 × 年轻人	−0.82	−3.95***	0.11	0.20
	情境 × 富人	0.79	3.78***	0.04	0.11
		R^2=0.69		R^2=0.47	
模型 3	年轻人	0.40	6.85***	0.25	2.06*
	富人	0.36	5.34***	0.29	2.87**
	情境	1.92	2.53*	4.16	2.48*
	情境 × 年轻人	−2.60	−3.36***	−4.01	−2.29*
	情境 × 富人	−1.14	−1.36	−4.07	−2.37*
	情境 × 年轻人 × 富人	1.99	2.39*	4.30	2.47*
		R^2=0.69		R^2=0.49	

对于老年穷人的热情评价，以老年穷人的热情评价为因变量，老年人的热情评价和穷人的热情评价为自变量分别在高热情情境和低热情情境中进行回归分析。在低热情情境中，穷人热情评价和老年人热情评价均能够显著预测老年穷人的热情评价（β =0.31，p<0.001；β =0.40，p<0.001）。穷人热情的独特效应是 0.11，老年人热情的独特效应是 0.16。因此老年穷人做了低热情行为情境下，个体对其的评价更多地依据老年人分类。

在高热情情境下，只有老年人热情能够显著预测老年穷人的热情评价（β =0.64，p<0.001）。老年人分类的独特效应是 0.24，穷人分类的独特效应是 0.00。因此在高热情情境下，老年人维度依然是评价老年穷人的主要维度。不管是在高热情还是低热情情境下，人们对老年穷人的评价更多地依靠老年人分类。

5.3.3.6　老年人能力和穷人能力与老年穷人能力的关系中情境的调节作用

为了探索单维分类和交叉分类评价之间的关系，并探讨情境的调节作用，我们采用层级线性回归分析。第一层放入老年人能力评价、穷人能力评价和情境。第二层放入情境和老年人能力的交互项、情境和穷人能力的交互项。第三层放入三项乘积项。结果表明模型 3 中情境和穷人能力评价的交互项、情境和老年人能力评价的交互项和三者的交互项均是显著的，参见表 5–3。因此我们将分别在高能力和低能力情境下做回归分析。

在对老年穷人的能力评价中，以老年穷人的能力评价为因变量，老年人的能力评价和穷人的能力评价为自变量，分别在高能力情境和低能力情

境中进行回归分析。在低能力情境中，穷人能力评价和老年人能力评价均能够预测老年穷人的能力评价（β =0.37，p<0.001；β =0.46，p<0.001），穷人分类的独特效应是0.20，老年人分类的独特效应是0.29，因此在对老年穷人的低能力行为的评价中，老年人是主要的分类。

在高能力情境中，只有老年人分类能够显著预测老年穷人的能力评价（β =0.67，p<0.001），老年人分类的独特效应是0.38，穷人分类的独特效应是0.02。老年人是主要的分类维度。因此不管是老年穷人做了高热情、低热情，还是高能力、低能力行为，老年人维度均是评价其的主要维度，不受情境的影响，参见表5–4。

表5–4　在不同情境下单维分类刻板印象对交叉分类刻板印象的影响的层级线性回归模型——一致的交叉分类群体

因变量	自变量	低热情和低能力情境			高热情和高能力情境		
		β	t	UE	β	t	UE
老年穷人的能力评价	年龄	0.02	0.28		0.03	0.34	
	性别	–0.08	–1.06		–0.01	–0.14	
	经济	0.08	0.91		–0.04	–0.44	
	户口	0.17	1.99		0.06	0.64	
	老年人	0.46	5.51***	0.29	0.67	6.74***	0.38
	穷人	0.37	4.38***	0.20	0.12	1.30	0.02
			R^2=0.60			R^2=0.56	
老年穷人的热情评价	年龄	0.09	0.98		–0.03	–0.31	
	性别	–0.14	–1.35		0.08	0.86	
	经济	0.04	0.32		–0.22	–1.96	
	户口	–0.03	–0.23		–0.04	–0.40	
	老年人	0.40	3.83***	0.16	0.64	4.87***	0.24
	穷人	0.31	3.04**	0.11	0.002	0.01	0.00
			R^2=0.31			R^2=0.40	
年轻富人的能力评价	年龄	–0.26	–2.70**		–0.16	–1.72	
	性别	0.09	0.89		–0.06	–0.60	
	经济	0.05	0.47		0.02	0.16	
	户口	–0.03	–0.30		–0.18	–1.69	
	年轻人	0.21	1.90†	0.05	0.19	1.84	0.04
	富人	0.27	2.28*	0.07	0.41	3.88***	0.17
			R^2=0.32			R^2=0.33	

续表

因变量	自变量	低热情和低能力情境			高热情和高能力情境		
		β	t	UE	β	t	UE
年轻富人的热情评价	年龄	0.10	1.31		0.03	0.53	
	性别	−0.05	−0.75		−0.14	-2.35^{*}	
	经济	−0.06	−0.79		0.02	0.25	
	户口	0.11	−1.50		0.04	0.65	
	年轻人	0.50	6.14^{***}	0.22	0.76	11.1^{***}	0.49
	富人	0.21	2.70^{**}	0.05	−0.02	−0.35	0.00
			R^2=0.38			R^2=0.56	

注：$^{\dagger}p$<0.1，$^{*}p$<0.05，$^{**}p$<0.01，$^{***}p$<0.001。

5.3.3.7　年轻人热情和富人热情与年轻富人热情的关系中情境的调节作用

为了探索单维分类和交叉分类评价之间的关系，并探讨情境的调节作用，我们采用层级线性回归分析。第一层放入年轻人热情评价、富人热情评价和情境。第二层放入情境和年轻人热情的交互项、情境和富人热情的交互项。第三层放入三项乘积项。结果表明模型 3 中情境和富人热情评价的交互项、情境和年轻人热情评价的交互项和三者的交互项均是显著的，参见表 5-3。因此我们将分别在高热情和低热情情境下做回归分析。

在对年轻富人的热情评价中，以年轻富人的热情评价为因变量，年轻人的热情评价和富人的热情评价为自变量，分别在高热情情境和低热情情境中进行回归分析。在低热情情境中，富人热情评价和年轻人热情评价均能够预测年轻富人的热情评价（β=0.21，p<0.001；β=0.50，p<0.001），富人分类的独特效应是 0.05，年轻人分类的独特效应是 0.22，因此在对年轻富人的低热情行为的评价中，年轻人是主要的分类。

在高热情情境中，富人分类热情不能预测对年轻富人的热情评价，但是年轻人分类热情能够显著预测对年轻富人的热情评价。（β=0.02，p>0.05；β=0.76，p<0.001）。富人分类的独特效应是0.00，年轻人分类的独特效应是0.49，因此在对年轻富人的高热情行为进行描述时，年轻人是主要的分类。对年轻富人的高热情和低热情行为的评价中，年轻人均是主要的依据维度。

5.3.3.8　年轻人能力和富人能力与年轻富人能力的关系中情境的调节作用

探索单维分类和交叉分类评价之间的关系，并探讨情境的调节作用，我们采用层级线性回归分析。第一层放入年轻人能力评价、富人能力评价和情境。第二层放入情境和年轻人能力的交互项、情境和富人能力的交互项。第三层放入三项交互乘积项。结果表明模型3中三者的交互项是显著的，参见表5–3。因此我们将分别在高能力和低能力情境下做回归分析。

在对年轻富人的能力评价中，以年轻富人的能力评价为因变量，年轻人的能力评价和富人的能力评价为自变量，分别在高能力情境和低能力情境中进行回归分析。在低能力情境中，年轻人能力评价和富人能力评价均能够预测年轻富人的能力评价（β=0.21，p<0.1；β=0.27，p<0.001），年轻人分类的独特效应是0.05，富人分类的独特效应是0.07，因此在对年轻富人的低能力行为的评价中，富人是主要的分类。

富人分类能力不能预测对年轻富人的能力评价，但是年轻人分类能力能够显著预测对年轻富人的能力评价。富人的独特效应是0.17，年轻人分类的独特效应是 0.04。因此在对年轻富人的高能力行为进行评价时，富人是主要的分类。对年轻富人的高能力和低能力行为的评价中，富人均是主要的依据维度。

5.3.4　讨论

我们研究发现，在对年轻穷人的热情评价中，不管是在高热情，还是低热情情境下，年轻人是主要的分类维度。在对年轻穷人的能力评价中，不管是高能力，还是低能力情境下，穷人是主要的分类维度。由此可知做了违反刻板预期行为的分类是主要的分类在年轻穷人的能力和热情评价中没有得到验证，但是该结果与非行为情境下我们的假设“高刻板印象强度的分类是主要分类”一致，热情评价中年龄是主要分类，能力评价中穷富是主要的分类。此外，这证明了评价指标不同，被试的动机不同，被试对年轻穷人目标评价的分类权重大小也不尽相同。对年轻穷人目标的热情评价中，年轻人是主要的分类维度，在能力评价中，穷人是主要的分类维度。

同样，我们研究发现在对年轻富人的高热情和低热情行为的评价中，年轻人均是主要的依据维度。对年轻富人的高能力和低能力的评价中，富人均是主要的依据维度。由此可知对年轻富人的评价受评价动机的影响，热情评价中年轻人分类是主要的分类，能力评价中富人是主要的分类。这与我们的假设基本一致，年龄的热情刻板印象强度高于穷富的热情刻板印象强度，因此在对年轻富人的热情评价中，年轻人是主要的分类维度。穷富的能力刻板印象强度高于年龄的能力刻板印象强度，因此在对年轻富人的能力评价中，富人是主要的分类维度。

此外，对老年富人的热情评价中，低热情情境中，老年人是主要的分类维度，高热情情境下富人是主要的分类维度。在对老年富人的能力评价中，无论是低能力情境还是高能力情境中，老年人均是主要的分类维度。由此可知违反刻板预期的分类是主要的分类只在老年富人的热情评价中得到验证，在老年富人的能力评价中没有得到验证。

不管是老年穷人做了高热情、低热情，还是高能力、低能力的行为，老年人维度均是评价其的主要维度，不受情境的影响。这说明对于一个老年穷人，老年人是其最突出的身份标签。不管穷富刻板印象强度如何，在具体行为情境中老年人分类都是最突出的分类。我们推测这种老年人身份突出效应可能是因为在模拟情境中，老年人身体状态不好的身体特征刻板印象最为突出，导致老年人分类是最突出的分类。

5.4 实验 3d——目标的具体行为对单维分类功能重要性的影响（内隐评价）

5.4.1 被试

89 个人评价了目标的能力和热情。年龄从 17 到 28 岁。男生 7 人，女生 82 人。农村居民 53 人，城市居民 36 人。34 个人觉得自己的经济状况有点贫穷，47 个人觉得自己的经济状况一般，8 个人觉得自己的经济状况有点富裕。

5.4.2 研究方法

5.4.2.1 实验任务

要求被试对年轻人、老年人、穷人、富人、年轻穷人、老年富人、老年穷人和年轻富人的不同行为（高 / 低热情和行为）进行归因解释。

5.4.2.2　实验程序

告诉被试某一个目标做了高 / 低 / 热情 / 能力的事情，让被试对该目标的行为进行归因。每一个事件的描述都包括三个目标：两个单维分类目标和一个交叉分类目标。以老年富人为例，首先告诉被试这个目标是老年人，请对其行为进行归因。再告诉被试一个富人目标做了这件事，请对其行为进行归因。最后告诉被试一个老年富人目标做了这件事，请对其行为进行归因。

5.4.2.3　数据方法

采用回归分析计算人们对老年人的归因、对富人的归因与人们对老年富人的归因的关系，以及情境在其中的调节作用。并且计算人们对年轻人的行为的归因，对穷人的行为的归因与人们对年轻穷人的归因的关系，以及情境在其中的调节作用。

以往关于刻板印象解释偏差的数据分析方法是比较不同情境下个体解释数量的差异和内归因与外归因解释偏向的差异。这种数据分析方法浪费了一些有效的数据。为了充分利用好归因数据，纳入“评价积极性”这个概念。“评价积极性”为被试对某个事件的归因背后反映出来的对被评价者能力和热情评价的积极程度（宋静静，等，2017；Song & Zuo，2017）。比如，如果被试对被评价者的低热情行为寻找更多外部解释时，说明在被试看来，被评价者本身是高热情的，此时被试对该事件的归因就具有较高的评价积极性。

评价积极性的具体数据分析步骤如下。① 首先归纳被试归因的答案。

由两名刻板印象领域专家全面翻阅所有被试答案，各自在每一个情境下对这些答案进行归类，然后两个专家讨论存在分歧的部分，最终形成一致的归类表。归类表参见表 5–5。② 对归类表中的每个类别进行编码。编码分为两种。一种为内外编码，将被试的归因区分为内归因和外归因，此时要删除掉未明显归因的解释。另外一种编码为“评价积极性”编码，两位专家共同协商，对每一个情景下各个归因的评价积极性进行排序，形成最终的编码手册。分数越高代表评价积极性越高，评价积极性越高代表对该群体的内隐刻板印象越积极。③ 请一名心理学专业研究生根据编码手册将被试的文本答案转译为数字形式。此后再请另外一名研究生对这个学生的转译进行审核。这样归因的评价方法已经在以往研究中被证实是科学有效的（宋静静，等，2017；Song & Zuo，2016）。

表 5–5　两个热情和能力情境的归因类型

	高热情情境	低热情情境
热情情境的归因类型	他帮助别人是为了外部利益（比如：个人声望和钱）	他的低热情行为是因为个人内部归因（比如：他并不想帮助陌生人，因为他是冷漠无情的）
	他帮助别人是为了心里利益（比如：为了赎罪，自我救赎）	他并不想帮助陌生人是因为一些情境原因（比如：他想帮助这个人，但是他太忙了）
	他帮助别人是因为情境因素（比如：不忙，心情不好）	他不想帮助陌生人因为他害怕陌生人是一个骗子
	他帮助陌生人是因为她同情这个人，或者能够感同身受	他想去帮助陌生人，但是他不能帮忙因为一些情境原因
	他帮助陌生人是因为个人内部原因（比如：他是一个有爱心的人）	他的低热情行为是因为外部原因（比如：他想帮忙，但是不知道路）

续表

	高能力情境	低能力情境
能力情境的归因类型	他的成功是因为外部原因（比如：运气好，是老板的亲戚）	他的失败是因为个人内部原因（比如：低能力）
	他的成功是因为与能力不相关的个人特质（比如：高热情，好的同事关系）	他的失败是因为他的观点看法受到局限，因为生活在农村
	他的成功是因为他努力（比如：努力工作，更多的经验，更多的练习）	他的失败是因为他的性格特点（比如：自负、低自尊心）
	他的成功是因为有实力、有资源	他具有高能力，他的失败是因为缺乏工作面试经验（比如：缺乏准备，穿着寒酸，教育水平不行）
	他的成功是因为个人内部原因（比如：他是高能力的、高创造性的）	他的失败是因为外部原因（比如：他是很有能力的，但是他的竞争对手是老板的亲戚）

5.4.3　研究结果

5.4.3.1　老年人热情归因和富人热情归因对老年富人热情归因的影响中情境的调节作用

为了探索单维分类热情评价和交叉分类群体评价的关系中情境的调节作用。我们采用层级线性回归分析，第一层放入老年人热情归因和富人热情归因及情景。第二层放入情境和老年人热情归因的乘积项、情境和富人热情归因的乘积项。第三层放入情境和老年人热情归因和富人热情归因的乘积项。由表 5–6 可知，情境和老年人热情归因的乘积项是显著的（β =-0.15，p=0.08）。我们进一步分别在高热情和低热情情境下做回归分析。

表 5–6　单维分类刻板印象归因与交叉分类刻板印象归因关系中情境的调节作用的层级线性回归分析—矛盾的交叉分类群体

		能力归因		热情归因	
		β	t	β	t
模型 1	老年人	0.42	5.31***	0.24	3.66***
	富人	0.25	3.87***	0.11	1.42
	情境	0.11	1.37	0.35	4.65***

续表

		能力归因		热情归因	
		β	t	β	t
		R^2=0.42		R^2=0.31	
模型 2	老年人	0.38	4.06***	0.28	3.88***
	富人	0.20	2.56*	0.04	0.37
	情境	−0.58	−1.53	0.36	4.63***
	情境 × 老年人	0.31	0.95	−0.09	−1.22
	情境 × 富人	0.45	1.35	0.11	1.15
		R^2=0.43		R^2=0.32	
模型 3	老年人	0.38	4.18***	0.28	3.89***
	富人	0.20	2.64*	0.04	0.37
	情境	5.77	2.95**	0.37	4.74***
	情境 × 老年人	−6.02	−3.11**	−0.15	−1.74†
	情境 × 富人	−5.69	−3.02**	0.06	0.61
	情境 × 富人 × 老年人	6.35	3.30***	0.12	1.38
		R^2=0.66		R^2=0.32	
模型 1	年轻人	0.24	3.27**	0.24	3.02**
	穷人	0.38	4.60***	0.28	3.97***
	情境	0.30	3.07**	0.18	2.12*
		R^2=0.66		R^2=0.32	
模型 2	年轻人	0.25	3.06**	0.20	2.08*
	穷人	0.41	4.22***	0.22	2.58*
	情境	0.33	2.98***	−0.34	−0.86
	情境 × 年轻人	−0.03	−0.32	0.22	0.64
	情境 × 穷人	−0.05	−0.48	0.37	1.12
		R^2=0.67		R^2=0.33	
模型 3	年轻人	0.25	3.05**	0.20	2.07*
	穷人	0.41	4.20***	0.22	2.57*
	情境	0.28	1.96†	−0.22	−0.17
	情境 × 年轻人	0.03	0.19	0.09	0.06
	情境 × 穷人	0.01	0.05	0.25	0.19
	情境 × 年轻人 × 穷人	−0.07	−0.44	0.13	0.10
		R^2=0.67		R^2=0.33	

注：情境是虚拟变量，低能力或者低热情情境是 0，高能力或者高热情情境是 1。†p<0.1，*p<0.05，** p<0.01，***p<0.001。

我们第一层放入控制变量：年龄、性别、户口和经济状况。第二层放入老年人热情归因和富人热情归因作为自变量，老年富人热情归因为因变量。表 5-7 表明，在低热情情境下，在控制了人口学变量以后，对老年人行为的归因积极性能够显著预测对老年富人的归因积极性（β=0.33，p<0.01）；然而对富人的归因积极性并不能够显著预测对老年富人的归因积极性（β=−0.002，p>0.05）。因此老年人分类的相对重要性（RW=0.10）显著高于富人分类的相对重要性（RW=0.01）。

在高热情情境下，对富人的归因能够显著预测对老年富人的归因（β=0.18，p<0.1）；但是老年人的归因不能预测对老年富人的行为的归因（β=0.09，p>0.05）。富人分类的相对重要性（RW=0.07）显著高于对老年人分类的相对重要性（RW=0.01）。因此在对老年富人的内隐热情评价中，高热情情境下，富人是主要的分类，在低热情情境下，老年人是主要的分类。

表 5–7　在不同情境下单维分类刻板印象归因对交叉分类刻板印象归因的影响的层级线性回归模型——矛盾的交叉分类群体

因变量	自变量	低热情 / 低能力		高热情 / 高能力	
		β	t	β	t
老年富人的能力归因	年龄	0.07	0.71	−0.19	−2.14*
	性别	0.12	1.09	−0.01	−0.11
	经济	0.09	0.81	0.19	1.89
	户口	−0.04	−0.40	−0.08	−0.80
	老年人	0.38	3.56**	0.40	4.39***
	富人	0.18	1.62	0.43	4.67***
		R^2=0.24		R^2=0.42	
老年富人的热情归因	年龄	−0.10	−0.91	−0.33	−0.30
	性别	−0.00	−0.02	−0.13	−1.20
	经济	−0.16	−1.45	−0.08	−0.74
	户口	−0.08	−0.70	0.24	2.10*
	老年人	0.33	3.12**	0.09	0.88
	富人	−0.00	−0.02	0.18	1.71†
		R^2=0.15		R^2=0.14	
年轻穷人的能力归因	年龄	0.22	1.76†	0.11	0.82
	性别	0.21	1.72†	0.01	0.06
	经济	−0.23	−2.04*	0.16	1.18
	户口	0.05	0.38	0.20	1.42
	年轻人	0.31	2.74**	0.20	1.62
	穷人	0.38	3.41**	0.31	2.50*
		R^2=0.35		R^2=0.23	

续表

因变量	自变量	低热情 / 低能力		高热情 / 高能力	
		β	t	β	t
年轻穷人的热情归因	年龄	−0.12	−1.08	0.06	0.56
	性别	0.02	0.16	−0.05	−0.51
	经济	0.24	1.93	−0.13	−1.11
	户口	−0.09	−0.74	0.01	0.06
	年轻人	0.17	1.57	0.26	2.48*
	穷人	0.25	2.30*	0.31	2.98*
		R^2=0.14		R^2=0.23	

注：户口包括两种类型：农村和城市，1 = 城市，2 = 农村。对于性别，1= 男生，2= 女生；$^{\dagger}p<0.1$，$^{*}p<0.05$，$^{**}p<0.01$，$^{***}p<0.001$。

5.4.3.2 老年人能力归因和富人能力归因对老年富人能力归因的影响中情境的调节作用

我们采用层级线性回归分析单维分类与交叉分类的关系中情境的调节作用。第一层包括老年人的能力评价、富人的能力评价和情境。情境是一个哑变量，低热情 / 能力是 0，高热情 / 能力是 1。第二层包括情境和老年人能力的乘积项、情境和富人能力的乘积项。第三层放入三个自变量的乘积项。由表 5–6 可知，在模型 3 中，三个自变量交互项的作用均显著。为了更清晰地说明每一种情境下的结果，我们依然分别在低能力和高能力情境下做线性回归分析。

在成功情境下，以老年人能力、富人能力为自变量，老年富人能力归因为因变量进行线性回归分析，结果表明在控制了人口学变量以后，富人能力归因、老年人能力归因均能够显著预测老年富人能力归因（β =0.43，p<0.001；β =0.40，p<0.001）。参见表 5–7。富人分类的独特效应是 0.23，老年人分类的独特效应是 0.21，因此在对做了高能力行为的老年富人内隐能力评价中，富人是主要的分类维度，老年人是次要

的分类。

在失败情景下，回归分析结果表明富人能力归因不能够预测老年富人能力归因，老年人能力归因能够显著预测老年富人能力归因（β =0.18，p>0.05；β =0.38，p>0.001）。富人分类的独特效应是 0.03，老年人分类的独特效应是 0.15，因此在对做了低能力行为的老年富人内隐能力评价中，老年人是主要的分类维度，富人是次要的分类维度。总体而言，在对老年富人的内隐能力评价，低能力情境下，老年人是主要的分类维度；在高能力情境下，富人是主要的分类的维度。

5.4.3.3　年轻人热情归因和穷人热情归因对年轻穷人热情归因的影响中情境的调节作用

我们采用层级线性回归分析单维分类与交叉分类的关系中情境的调节作用。由表 5–6 可知在各个模型中交互项的作用均不显著。但是为了更清晰地说明每一种情境下的结果，我们依然分别在低热情和高热情情境下做了线性回归分析。

在高热情情境下，以年轻人热情、穷人热情为自变量，年轻穷人热情归因为因变量进行线性回归分析，结果表明穷人热情、年轻人热情归因均能够显著预测年轻穷人热情归因（β =0.31，p<0.05；β =0.26，p<0.05）。穷人分类的独特效应是 0.11，年轻人分类的独特效应是 0.08，因此在对做了高热情行为的年轻穷人内隐热情评价中，穷人是主要的分类维度。参见表 5–7。

在低热情情境下，回归分析结果表明穷人热情归因能够预测年轻穷人热情归因，年轻人热情归因不能够预测年轻穷人热情归因（β =0.25，

$p<0.05$；$\beta=0.17$，$p>0.05$）。穷人分类的独特效应是 0.07，年轻人的独特效应是 0.03，因此在对做了低热情行为的年轻穷人的内隐热情评价中，穷人是主要的分类维度。由此可知不管是做了高热情，还是低热情行为的年轻穷人的内隐评价中，均是穷人是主要的分类维度。参见表 5–7。

5.4.3.4 年轻人能力归因和穷人能力归因对年轻穷人能力归因的影响中情境的调节作用

我们采用层级线性回归来分析情境在单维分类和交叉分类关系中的调节作用，结果交互项不显著。此后，我们分别在高能力和低能力情境下做回归分析。由表 5–7 结果可知，在低能力情境下，年轻人能力归因和穷人能力归因均能够显著预测年轻穷人归因，穷人的相对重要性高于年轻人分类。在高能力情境下，只有穷人归因能够预测年轻穷人归因，穷人的相对重要性高于年轻人分类。总体而言，不管年轻穷人做了高能力 / 低能力行为，还是高热情 / 低热情行为，在内隐评价中，穷人分类均是主要的分类。

5.4.3.5 年轻人热情归因和富人热情归因与年轻富人热情归因的关系中情境的调节作用

探索在内隐评价中，单维分类与交叉分类评价关系中情境的调节作用，我们采用层级线性回归分析。第一层放入年轻人热情归因、富人热情归因和情境。第二层放入情境和年轻人热情归因的交互项、情境和富人热情归因的交互项。第三层放入三项交互项。结果表明交互项均不显著，参见表 5–8。

表 5-8　情境在单维分类刻板印象归因和交叉分类刻板印象归因关系中的调节作用模型——一致的交叉分类群体

		热情归因		能力归因	
		β	t	β	t
模型 1	老年人	0.24	3.60***	0.57	8.63***
	穷人	0.21	3.01**	0.16	2.63**
	情境	0.41	6.28***	0.17	2.75**
		R^2=0.47		R^2=0.68	
模型 2	老年人	0.24	3.23**	0.58	7.61***
	穷人	0.17	2.29*	0.05	0.74
	情境	−0.27	−0.52	−0.09	−0.40
	情境 × 老年人	0.01	0.02	−0.27	−0.89
	情境 × 穷人	0.69	1.46	0.61	2.72**
		R^2=0.48		R^2=0.70	
模型 3	老年人	0.24	3.22**	0.58	7.63***
	穷人	0.17	2.29*	0.05	0.74
	情境	1.20	0.31	1.21	1.27
	情境 × 老年人	−1.52	−0.38	−1.63	−1.61
	情境 × 富人	−0.81	−0.20	−0.72	−0.74
	情境 × 富人 × 老年人	1.57	0.38	1.44	1.41
		R^2=0.48		R^2=0.70	
模型 1	年轻人	0.38	5.30***	0.21	3.15**
	富人	0.20	3.25***	0.30	4.21***
	情境	0.28	4.07***	0.37	4.81***
		R^2=0.46		R^2=0.57	
模型 2	年轻人	0.38	3.75***	0.22	2.95**
	富人	0.18	1.87	0.23	2.99**
	情境	0.16	0.43	−0.02	−0.05
	情境 × 年轻人	−0.003	−0.10	−0.70	−1.75
	情境 × 富人	0.13	0.37	1.12	2.59*
		R^2=0.46		R^2=0.59	
模型 3	年轻人	0.38	3.75***	0.22	2.95**
	富人	0.18	1.87	0.23	2.99**
	情境	1.36	1.06	1.70	0.75
	情境 × 年轻人	−1.24	−0.94	−2.52	−1.04
	情境 × 富人	−1.26	−0.86	−0.76	−0.30
	情境 × 年轻人 × 富人	1.44	0.97	2.01	0.76
		R^2=0.46		R^2=0.59	

我们分别在高热情和低热情情境下做回归分析。在低热情情境下，以年轻人热情归因、富人热情归因为自变量，年轻富人热情归因为因变量做回归分析，结果表明只有年轻人热情归因能够预测年轻富人热情归因，富人热情归因并不能够预测年轻富人热情归因，在低热情情境中，年轻人是主要的分类维度。

而在高热情情境中，年轻人热情归因和富人热情归因均能够预测年轻富人热情归因，年轻人的独特效应高于富人分类。因此在高热情情境下，年轻人分类依然是主要的分类维度。即在对年轻富人的高热情和低热情行为的内隐热情评价中，均是年轻人是主要的分类维度。

5.4.3.6 年轻人能力归因和富人能力归因与年轻富人能力归因的关系中情境的调节作用

探索在内隐评价中，单维分类与交叉分类评价关系中情境的调节作用，我们采用层级线性回归分析。第一层放入年轻人能力归因、富人能力归因和情境。第二层放入情境和年轻人能力归因的交互项、情境和富人能力归因的交互项。第三层放入三项交互项。结果表明在模型 2 中情境和富人能力归因的交互项是显著的，参见表 5-8。因此我们将分别在高能力和低能力情境下做回归分析。

在低能力情境下，以年轻富人的能力归因评价为因变量，年轻人的能力归因和富人的能力归因为自变量做回归分析。结果表明，在控制了人口学变量以后，年轻人的能力归因和富人的能力归因均能够显著预测年轻富人的能力归因（β=0.28，p<0.05；β=0.27，p<0.05）。富人分类的独特效应是 0.08，年轻人分类的独特效应是 0.07。因此在低能力情境下，富人是

主要的分类维度。

而在高能力情境下，结果表明只有富人的能力归因能够预测对年轻富人的能力归因，年轻人能力归因并不能够预测对年轻富人的能力归因（β=0.59，p<0.001；β=-0.05，p>0.05）。因此在高能力情境下，富人是主要分类维度。即在对年轻富人的高能力行为和低能力行为的内隐评价中，均是富人是主要的分类维度。

5.4.3.7　老年人热情归因和穷人热情归因与老年穷人热情归因的关系中情境的调节作用

探索在内隐评价中，单维分类与交叉分类评价关系中情境的调节作用，我们采用层级线性回归分析。第一层放入老年人热情归因、穷人热情归因和情境。第二层放入情境和老年人热情归因的交互项、情境和穷人热情归因的交互项。第三层放入三项交互项。结果表明交互项均不显著。参见表 5-8。

在低热情情境下，以老年穷人的热情归因评价为因变量，老年人的热情归因和穷人的热情归因为自变量做回归分析。结果表明，在控制了人口学变量以后，老年人的热情归因能够预测老年穷人的热情归因，穷人的热情归因不能够预测老年穷人的热情归因。穷人分类的独特效应是 0.03，老年人分类的独特效应是 0.06。因此在低热情情境下老年人是主要的分类维度。

高热情情境下，结果表明老年人和穷人的热情归因能够预测对老年穷人的热情归因（β=0.31，p<0.001；β=0.60，p<0.001）。老年人的独特效应是 0.16，穷人的独特效应是 0.42。因此在高热情情境下，穷人是主要分

类维度。即在对老年穷人的内隐热情评价中，低热情情境下，老年人是主要的分类，在高热情情境下穷人是主要的分类。

5.4.3.8 老年人能力归因和穷人能力归因与老年穷人能力归因的关系中情境的调节作用

探索在内隐评价中，单维分类与交叉分类评价关系中情境的调节作用，我们采用层级线性回归分析。第一层放入老年人归因、穷人能力归因和情境。第二层放入情境和老年人能力归因的交互项、情境和穷人能力归因的交互项。第三层放入三项交互项。结果表明在模型 2 中情境和穷人能力归因的交互项是显著的，参见表 5–8。因此我们将分别在高能力和低能力情境下做回归分析。

在低能力情境下，以老年人能力归因、穷人能力归因为自变量，老年穷人能力归因为因变量做回归分析，结果表明只有老年人能力归因能够预测老年穷人能力归因，穷人能力归因并不能够预测老年穷人能力归因。在低能力情境中，老年人是主要的分类维度。

在高能力情境中，老年人能力归因和穷人能力归因都能预测老年穷人能力归因（β=0.39，p<0.001；β=0.40，p<0.001）。在高能力情境下，穷人分类是主要的分类维度。总结而言，在对老年穷人的内隐能力评价中，低能力情境下，老年人是主要的分类；在高能力情境下，穷人是主要的分类。参见表 5–9。

表 5–9　单维分类刻板印象归因与交叉分类刻板印象归因的关系的层级线性回归模型——一致的交叉分类群体

		低热情或者低能力			高热情或者高能力		
		β	*t*	UE	*β*	*t*	UE
老年穷人的能力归因	年龄	−0.25	−2.88**		0.08	1.03	
	性别	−0.04	0.46		0.09	1.04	
	经济	−0.21	−2.20*		−0.04	−0.46	
	户口	0.08	0.87		−0.05	−0.53	
	老年人	0.59	6.20***	0.34	0.39	3.81***	0.42
	穷人	0.13	1.34	0.02	0.40	3.75***	0.45
			0.48			0.55	
老年穷人的热情归因	年龄	0.06	0.54		−0.07	−0.85	
	性别	−0.04	−0.40		−0.05	−0.68	
	经济	−0.07	−0.60		−0.12	−1.36	
	户口	−0.07	−0.60		−0.02	−0.21	
	老年人	0.26	2.20*	0.06	0.31	3.71***	0.16
	穷人	0.18	1.58	0.03	0.60	7.33***	0.42
			0.16			0.59	
年轻富人的热情归因	年龄	0.02	0.16		−0.09	−0.96	
	性别	0.02	0.21		−0.07	−0.69	
	经济	0.12	0.95		0.06	0.56	
	户口	−0.01	−0.10		0.03	0.29	
	年轻人	0.24	2.11*	0.06	0.46	4.46***	0.21
	富人	0.17	1.45	0.03	0.27	2.61**	0.09
			0.15			0.40	
年轻富人的能力归因	年龄	0.15	1.34		−0.18	−1.96	
	性别	−0.05	−0.45		−0.13	−1.46	
	经济	−0.01	−0.04		0.02	0.19	
	户口	−0.04	−0.31		−0.01	−0.09	
	年轻人	0.27	2.60 *	0.07	−0.05	−0.43	0.002
	富人	0.28	2.62 *	0.08	0.60	5.18***	0.25
			0.15			0.41	

5.4.4　讨论

需要说明的是，独特效应的比较是机械的，有时，虽然某一分类的独特效应更高，但是确并不显著的高，因此不能简单的死板的比较各个分类的独特效应，对研究结果的解释应该更加灵活。研究结果表明，不管是做了高 / 低热情，还是高 / 低能力行为的年轻穷人的内隐评价中，均是穷人是主要的分类维度。内隐评价中的结果与外显评价的结果并不完全一致，

外显评价中，在对年轻穷人的热情评价中，年轻人是主要的分类维度，而在能力评价中，穷人是主要的分类维度。为什么在外显热情评价中，年轻人是主要的分类维度，但是在内隐热情评价中，穷人是主要的分类维度？我们推测是因为社会赞许性的原因，在外显评价上总是做善意的分类评价，外显水平上并不愿意使用穷人来定义一个年轻穷人目标，但是从内隐角度，却会倾向于使用穷人来定义一个年轻穷人目标（Song & Zuo，2016）。

在对年轻富人的高热情行为和低热情行为的内隐评价中，均是年轻人是主要的分类维度。在对年轻富人的高能力和低能力行为的内隐能力评价中，均是富人是主要的分类维度。内隐和外显研究方法得到的结果基本一致。

在对老年富人的内隐评价中，高热情/能力情境下富人是主要的分类，在低热情/能力情境下老年人是主要的分类。老年富人做了消极行为时，老年人是主要分类，而做了积极行为时，富人是主要的分类。内隐评价的结果与外显评价的结果并不完全一致。外显评价中，在对老年富人的能力评价中，无论是低能力情境还是高能力情境中，老年人均是主要的分类维度。在内隐层面，被试更愿意使用穷富身份定义交叉分类目标，部分证实了社会阶层优先效应。

在对老年穷人的内隐评价中，低热情/能力情境下老年人是主要的分类，高热情/能力情境下，穷人是主要的分类。老年穷人做了消极行为时，老年人是主要分类，而做了积极行为时，穷人是主要的分类。内隐和外显评价上存在以下不一致：对于老年穷人，外显的高热情和高能力评价中老年人是主要的分类，但是在内隐评价中，穷人是主要的分类维度。我们推测外显的评价中，我们不愿意使用具有消极刻板印象的穷人分类来定义别人，但是内隐的角度他的穷人身份是最突出的（Song & Zuo，2016）。

第 6 章　多重分类目标自我刻板评价时的单维分类的功能重要性

研究四是关注多重分类目标自我刻板化评价时的单维分类的功能重要性分析。本研究依然只是关注穷富和年龄两个单维分类组成的交叉分类目标，探讨交叉分类目标自我刻板印象评价时，更多地依据哪一个单维分类。研究四分析交叉分类目标进行自我刻板印象评价时，单维分类的群体认同程度对单维分类功能重要性的影响。我们做如下假设。

H4：人们对某一个单维分类的认同更高时，该分类是主要的分类。以年轻穷人目标为例，如果人们对自己的年轻人的身份认同程度比较高，那么他们倾向于使用年轻人分类来定义自己。

研究五关注情境对自我刻板评价时分类重要性的影响。首先，关注目标自己所处的情境对自我刻板印象评价时分类重要性的影响，通过实验材料控制被试的身份认同（引导被试关注自己的年轻人身份和穷人身份），考察自我刻板印象评价的特点。情境包括“分类的独特性”和“群体意见

分歧情况”两种。根据此前文献综述，我们做出以下假设。

H5a: 交叉分类目标进行自我刻板印象评价时，情境中独特的、清晰的、突出的分类是主要的分类。

H5b：交叉分类目标进行自我刻板印象评价时，当一个分类将人们区分的两个群体出现意见分歧时，这个分类是主要分类。

再者，关注群体内成员的刻板行为对交叉分类目标自我刻板评价中的分类权重的影响。我们的关注对象均是认同自己是年轻穷人的目标，分别关注年轻人的具体行为或者穷人的具体行为是否会影响被试自我刻板印象评价中的分类权重问题。我们推测对于一个认同自己年轻穷人身份的人而言，如果其他穷人目标做了高热情的行为，被试对自己的穷人身份的认同会增加，穷人成为主要分类维度的可能性也会增加；同时如果其他年轻人群体做了高能力行为，被试对自己的年轻人身份的认同会增加，年轻人成为主要分类维度的可能性也会增加。此外，我们推测内成员刻板印象行为对身份定义的影响可以通过身份典型性、群体认同和群体自豪感的间接影响而实现，即身份典型性、群体认同和群体自豪感在内群体成员刻板行为与身份定义的关系中起到中介作用。我们假设给年轻穷人目标呈现穷人积极刻板行为时，年轻穷人目标对自己穷人身份的典型性增加，认为自己是典型的穷人，并且对穷人群体的认同程度增加，穷人身份的自豪感增加，进而导致目标更多地使用穷人身份定义自己。我们做出以下假设。

H5c：强调某一分类群体内成员的积极行为会增加该分类的重要性。并且，身份典型性、群体认同和群体自豪感在其中起到中介作用。

6.1　研究 4——群体认同程度更高的单维分类是主要的分类

6.1.1　被试

165 大学生被试参与调查，其中，在自我身份界定上，年轻穷人 95 名，年轻人 - 中等经济状况 63 人，7 个年轻富人。此外，我们关注 94 名中老年人被试，在这些人的自我认同上，老年人 - 中等经济状况的有 13 人，年轻人 - 中等经济状况的有 30 人，老年穷人 15 人，年轻穷人 30 人，年轻富人 6 人。

6.1.2　研究方法

人口学变量: 测量被试本身的身份特征，主要包括年龄信息和穷富信息。

群体认同测量: 完成自我 - 内群体 - 外群体重叠（OSIO）测量（Schubert & Otten，2002），以考察被试对于自我与老年人群体、年轻人群体、穷人群体和富人群体的关系表征。要求被试勾选出哪一个圆圈组合最能代表自己与老年人、年轻人、穷人和富人的关系。此外，让被试选择自己的群体身份特征，包括三种类型：第一种是老年人和年轻人群体认同，让被试破选其一；第二种是穷人、中等和富人群体认同，让被试破选其一；第三种是这五种单维分类只选择一个分类定义自己的身份。

社会经济地位：让被试对年轻人、老年人、穷人和富人的社会经济地位进行主观排序。

6.1.3 研究结果

6.1.3.1 描述统计结果

对于大学生被试，95 名认同自己为年轻穷人，这些人的社会身份地位排序中均是认为年轻人的社会身份地位高于穷人的社会身份地位，在只能选择一个身份定义自己时，他们均选择社会身份地位较高的年轻人身份。在 7 个年轻富人被试中，他们的身份定位也均是年轻人。

在 94 名社会中老年人被试中，老年人 - 中等经济状况的人有 13 人，这 13 个人均会使用老年人身份来定义自己。年轻人 - 中等经济状况的有 30 人，这 30 个人均会使用年轻人身份来定义自己。老年穷人 15 人，其中 4 个人定义自己为老年人，11 个人定义自己为穷人。 年轻穷人 30 人，其中 5 个人定义自己为年轻人，25 个人定义自己为穷人。年轻富人 6 人，其中 2 个人定义自己为年轻人，4 个人定义自己为富人。

6.1.3.2 方差分析结果

混合大学生被试和中老年被试，我们发现年轻穷人目标和年轻中等经济状况目标最多（一共有 218 人，其中年轻穷人 125 人，年轻中等 93 人），因此我们以这两类被试进行数据分析。方差分析结果表明，定义自己为不同“目标”的人对穷人身份的认同存在显著差异，F（1，216）=3.64，p=0.05，事后检验结果表明定义自己为“穷人”的年轻穷人目标要比定义自己为“年轻人”的年轻穷人目标对穷人身份的认同程度更高（$M_{年轻人}$=3.84，$M_{穷人}$=4.24）。

6.1.4　讨论

结果发现大学生被试和中老年被试的自我定义呈现完全不同的特点。① 中老年被试的自我定义存在多样性的特点。② 中老年被试有很大的可能性定义自己为年轻人，论证了个体自我认识中的群体身份并不一定是被试客观上归属的群体，而是被试的理想自我群体。中老年人被试依然倾向于定义自己为年轻的和充满活力的。③ 中老年被试有很大的可能性定义自己为富人或者穷人。中老年被试相比于大学生被试似乎更愿意接纳自己的社会阶层身份。④ 对于大学生被试，不管是年轻富人还是年轻穷人，被试均会使用年轻人这个自然分类来定义自己，而非社会阶层分类。大学生被试的自我刻板印象评价中并不存在社会阶层分类优先效应。

本研究明显存在以下不足：① 在对自己身份定义中，被试可以选择自己为中等经济状态，但是在年龄分类上却没有中年人的选项设置，被试只能破选自己为年轻人或者老年人，这样导致非常多的中年人将自己定义为年轻人，夸大了中年人被试的年轻人群体认同。② 虽然一共有 259 名被试，但是年轻穷人 125 人，年轻中等经济状况 93 人，老年人 – 中等经济状况的人有 13 个，老年穷人 15 人，年轻富人 13 人。除了年轻穷人和年轻中等经济状况被试，其他类型被试的数量较少，不能开展进一步的详细分析。

6.2　实验 5a——情境中独特性的分类

6.2.1　被试

95 名大学生自愿参加实验，其中三人并不认为自己是年轻穷人而删除其数据，剩余有效数据 92 人。其中男生 26 人，女生 66 人。年龄从 17 到

37 岁（M=21.80，SD=3.34）。

6.2.2 研究方法

6.2.2.1 实验程序

本实验具体过程如下。①进入实验室后，告知被试要完成一个心理学实验，牵涉的个人信息将完全保密，强调实验纪律，并告知实验流程，被试填写完个人情况后开始实验。②筛选出主观上认同自己是年轻穷人的被试，并且通过群体身份认同操纵被试的年轻穷人认同。此外，将被试随机分为三种实验情境分别突出年轻穷人目标的年轻人身份或者穷人身份。③每一组情境描述后，要求被试回答以下三类问题：交叉分类目标的单维分类的突出性，年轻穷人目标对自己的能力和热情评价，测量被试的年龄和穷富刻板印象。

6.2.2.2 实验材料

单维分类突出性操纵：向被试呈现如下情境，“在一场面向广大人民群众的会议中，组委会随机将参会者分成了 6 人一组的小组进行小组讨论，讨论的问题涉及方方面面”。实验组 1 中，告诉被试“你与 5 名年轻富人在一起讨论问题”，实验 1 为穷富信息突出组。实验组 2 中，告诉被试“你与 5 名老年穷人在一起讨论问题”，实验 2 为年龄信息突出组。实验组 3 中，告诉被试“你与另一个年轻穷人、两个年轻富人和两个老年穷人在一起讨论问题”，实验 3 为控制组。

群体认同操作：先对被试进行筛选，如果不认为自己是年轻穷人则剔除。对于年轻穷人目标，我们通过群体认同操纵激活被试的年轻穷人身份。

告诉被试，你需要选择某一位群体成员合作完成一项活动（非学术、非体力），活动成绩将会和另一个团队进行比较，被试被要求回答 6 个相关的问题，完成社会比较过程（Crisp，Turner，& Hewstone，2010）。具体而言，为了激发年轻人认同回答以下问题："相比于老年人，我认为与年轻人群体合作很容易；相比于老年人，我认为一个群体主要由年轻人组成会给我提供最大的支持性环境；相比于老年人，当我和年轻人一起工作的时候，我感觉我的观点会变得有价值；相比于年轻人，我认为与老年人群体合作很容易；相比于年轻人，我认为一个群体主要由老年人组成会给我提供最大的支持性环境；相比于年轻人，当我和老年人一起工作的时候，我感觉我的观点会变得有价值。"我们采用同样的方法控制被试的穷人身份认同。

单维分类的突出性：采用一道题目测量交叉分类目标的单维分类突出性（题目：在该情景中，你的哪一个身份是突出的），选项为年轻人身份和穷人身份。

特质评价：包括能力和热情两个维度进行自我评价。能力相关特质词包括有能力的、有才能的和自信的三个特质词汇，热情特质词包括热情的、友好的和善良的三个特质词汇，要求被试评价目标具有上述特质的程度，采用 5 级评分（1= 一点也没有这种特质，5= 具有非常多这种特质），分数越高，代表人们觉得自己具有非常多这种特质。这种测量方法已经被广泛使用，并被证实是科学有效的（Song & Zuo，2016）。

年龄刻板印象：采用中心特质评价法对刻板印象进行外显测量，要求被试评价老年人和年轻人拥有能力和热情相关特质的程度。老年人热情特质得分总和减去年轻人热情特质得分总和为年龄热情刻板印象得分，年轻人能力得分总和减去老年人能力得分总和为年龄能力刻板印象得分。分数越高代表刻板印象程度越高。这种刻板印象的测量方法在以往研究中已经被证实是科学有效的。

穷富刻板印象：采用中心特质评价法对刻板印象进行外显测量，要求被试评价富人和穷人拥有能力和热情相关特质的程度。穷人热情特质得分总和减去富人热情特质得分总和为年龄热情刻板印象得分，富人能力得分总和减去穷人能力得分总和为年龄能力刻板印象得分。分数越高代表刻板印象程度越高。

6.2.2.3 数据分析方法

采用方差分析比较三组被试对自己的能力和热情评价差异、刻板印象程度差异以及自我身份界定结果的差异。

6.2.3 研究结果

（1）不同情境下身份界定的差异

对于问题："上述情境中，你觉得你的哪个身份更加突出？"选项中年轻人编码为1，穷人编码为2。卡方分析结果表明三组年轻穷人被试对自己的突出身份的界定存在显著的差异（χ^2=16.87，df=2，p<0.001）。穷富突出组被试相比于年龄突出组被试认为自己的穷人信息更加突出。

对于问题："上述情境中，你会使用哪一个身份定义自己？"卡方分析结果表明三组年轻穷人被试对自己的身份界定存在显著的差异（χ^2=8.24，df=2，p<0.001）。穷富突出组被试相比于年龄突出祖被试更会使用穷人信息来定义自己。这与我们的研究假设一致。

在对自己的热情进行评价时，方差分析结果不显著，F（2，89）

=0.53，$p>0.05$，在对自己的能力进行评价时，方差分析结果显著，$F(2, 89)=6.35$，$p<0.01$。年龄突出组（$M=11.00$）被试相比于穷富突出组（$M=9.00$）被试对自己的能力评价更高。即突出自己的年轻人身份的被试要比突出自己的穷人身份的被试对自己的能力评价更高。这与我们的假设一致，突出年轻穷人的年轻人身份以后，被试对自己的能力评价增加。

最后，采用方差分析比较三组被试刻板印象程度差异，结果发现三组被试的年龄热情刻板印象和年龄能力刻板印象并不存在显著差异，$F(2, 89)=0.17$，$p>0.05$；$F(2, 89)=0.92$，$p>0.05$。此外，三组被试的穷富热情刻板印象并不存在显著差异，$F(2, 89)=0.24$，$p>0.05$；但是三组被试的穷富能力刻板印象存在显著差异，$F(2, 89)=3.57$，$p<0.05$。事后检验结果表明穷富分类突出组被试的穷富能力刻板印象显著低于控制组，即突出被试的穷人信息以后，被试的穷富能力刻板印象降低。

（2）人们对交叉分类目标的评价与交叉分类目标自我刻板评价时的结果比较

在年轻穷人热情评价中，采用 2（目标：交叉分类目标自我刻板评价、评价交叉分类目标）×3（单维分类突出性：穷富信息突出组、年龄信息突出组、控制组）组间方差分析。结果显示目标和情境的主效应不显著，二者的交互作用不显著，$F(1, 208)=2.88$，$p=0.09$；$F(2, 208)=0.35$，$p=0.71$；$F(2, 208)=0.26$，$p=0.77$。

在年轻穷人能力评价中，采用 2（目标：交叉分类目标自我刻板评价、评价交叉分类目标）×3（单维分类突出性：穷富信息突出组、年龄信息突出组、控制组）组间方差分析。结果显示目标的主效应显著，$F(1, 208)=3.93$，$p=0.05$，情境的主效应不显著，$F(1, 208)=1.75$，$p=0.18$，二者

的交互作用显著，F（2，208）=7.20，p<0.001。简单效应分析结果表明，评价交叉分类目标时，情境的主效应显著，F（2，208）=3.29，p=0.04，穷富信息突出组（M=11.44）被试对年轻穷人目标的能力评价高于年龄信息突出组（M=10.67）和控制（M=10.08）。交叉分类目标自我刻板评价时，情境的主效应也显著，F（2，208）=5.27，p=0.01，年轻穷人目标在突出年轻人身份（M=11.00）时的自我能力评价要比控制组的高（M=10.21），同时控制组被试的自我能力评价要比穷富信息突出组的高（M=9.00）。突出的穷人身份使得年轻穷人被试对自己的能力评价降低，但是对一个年轻穷人目标的能力评价反而提升。

在年龄热情刻板印象评价中，采用2（目标：交叉分类目标自我刻板评价、评价交叉分类目标）×3（单维分类突出性：穷富信息突出组、年龄信息突出组、控制组）方差分析。结果显示，目标的主效应显著，F（1，208）=10.20，p=0.002，单维分类突出性的主效应不显著，F（2，208）=0.15，p=0.86，二者的交互作用也不显著，F（2，208）=0.18，p=0.84。年轻穷人在自我刻板评价时的年龄热情刻板印象（M=–0.27）显著低于评价交叉分类目标时的年龄热情刻板印象（M=0.86）。在年龄能力刻板印象评价中，结果显示，目标和情境的主效应不显著，F（1，208）=0.02，p=0.88；F（2，208）=0.12，p=0.89，二者的交互作用也不显著，F（2，208）=1.49，p=0.23。

在穷富热情刻板印象评价中，采用2（目标：交叉分类目标自我刻板评价、评价交叉分类目标）×3（单维分类突出性：穷富信息突出组、年龄信息突出组、控制组）方差分析。结果显示目标的主效应显著，F（1，208）=11.32，p<0.001，单维分类突出性的主效应不显著，F（2，208）

=0.45，p=0.64，二者的交互作用也不显著，F（2，208）=0.14，p=0.87。年轻穷人在自评时的穷富热情刻板印象（M=1.18）低于评价他人时的穷富热情刻板印象（M=2.41）。

在穷富能力刻板印象评价中，结果显示，目标和情境的主效应不显著，F（1，208）=0.28，p=0.63；F（2，208）=2.29，p=0.10，二者的交互作用边缘显著，F（2，208）=2.73，p=0.07。简单效应分析结果表明，在交叉分类目标自评时，情境的主效应显著，F（1，208）=4.35，p=0.01，穷富信息突出组被试（M=2.03）的穷富能力刻板印象小于控制组被试（M=4.22）。评价交叉分类目标时，情境的主效应不显著，F（1，208）=0.22，p=0.80，穷富信息突出组被试（M=3.10）的穷富能力刻板印象与控制组被试（M=3.00）的穷富能力刻板印象没有显著差异。

6.2.4　讨论

结果表明交叉分类目标自我刻板评价时，突出自己的年轻人身份时的能力评价要比突出穷人身份时的高。在情境中独特的、突出的分类是我们进行自我刻板评价的关键依据。人们倾向于选择当前情境中最突出的分类作为自己的群体身份（Crisp & Hewstone，2007），当激发被试的群体认同时，人们的自我认识和判断变得去个性化和去人格化，群体自我成为自我概念、自我认识和判断的重要组成部分，会更多采用突出分类进行自我刻板评价。

再者，研究发现年轻穷人在自评时的年龄热情刻板印象和穷富热情刻板印象显著低于评价他人时的热情刻板印象。社会分类根据他人与自我的相同与差异将他人分为内群体或者外群体（Hogg，2006），人们认为

内群体成员具有高度一致性，我们希望得到群体的认可，获得归属感与安全感，但是又认为内群体成员具有多样性，人们同时寻求个人独特性，追求自己作为一个独特个体存在于世的价值所在。最优差异模型（optimal distinctiveness model）认为社会认同是相似性需求和差异性需求共同协调的结果（Brewer，1991），个体在内群体内进行自我建构时，会同时兼顾相似性和独特性（Leonardelli et al.，2010）。基于这种内在原因，评价他人时的刻板印象程度较高，评价内群体时刻板印象程度相对较低。

最后，在交叉分类目标自评时，穷富信息突出组被试的穷富能力刻板印象小于控制组被试。即自评时突出自己的穷人身份以后，穷富能力刻板印象降低，人们对穷人群体能力较低的刻板评价降低。我们推测大部分人都希望从积极的角度看待自己，积极努力地保持和证实他们作为有价值个体的自我感受。将我们的自我概念转向那些看上去与成功联系在一起的特征，贬低那些我们不具备的能力的重要性。

6.3 实验 5b——群体意见的分歧

6.3.1 被试

163 名大学生。其中男生 57 人，女生 106 人。农村居民 103 人，城市居民 60 人。5 个人觉得自己的经济状况非常贫穷，45 个人觉得自己的经济状况有点贫穷，102 个人觉得自己的经济状况一般，11 个人觉得自己的经济状况有点富裕，5 个人未报告自己的经济状况。年龄从 15 到 23 岁，平均年龄是 18.92 岁（SD=1.82）。

6.3.2　研究方法

6.3.2.1　实验任务

单维分类突出性操纵：被试被随机分为三组。实验组 1 中，被试跟七个人（两个老年富人、两个年轻富人、两个老年穷人和另外一个年轻穷人）在一起讨论问题，其中两个老年富人、两个年轻富人与两个老年穷人和两个年轻穷人的意见出现了分歧。实验组 1 为穷富信息突出组。实验组 2 中，八个人中其中两个老年富人、两个老年穷人与两个年轻富人、两个年轻穷人意见存在分歧。实验组 2 为年龄信息突出组。实验组 3 中，八个人中其中一个老年富人，一个年轻富人，一个年轻穷人，一个老年穷人，与另外四个人的意见不一致。实验组 3 为控制组。

群体认同操纵：参见实验 5a。

单维分类的突出性：参见实验 5a。

年龄刻板印象：参见实验 5a。

穷富刻板印象：参见实验 5a。

6.3.2.2　实验程序

本实验程序与实验 5a 一致，只是对单维分类突出性操作的实验情景不同。

6.3.2.3　数据分析方法

采用方差分析比较三组被试的归因、自我身份界定、能力热情自评和刻板印象程度的差异。

6.3.3 研究结果

（1）不同情境下身份界定的差异

对于问题："在该情境中，哪一个分类是比较突出的？"卡方分析结果表明，三组年轻穷人被试对自己的突出身份的界定存在显著的差异（χ^2=21.08，p<0.001）。穷富组被试相比于控制组被试认为自己的穷富信息是突出的。同样，年龄突出组被试要比穷富突出组被试更多地认为年龄维度是突出的。说明了实验材料的有效性。

对于问题："在该情景中，你会使用哪一种身份来界定自己？"卡方分析结果表明，三组年轻穷人被试对自己的身份界定存在显著的差异（χ^2=5.53，p=0.06）。年龄突出组被试要比穷富突出组被试更多地使用年龄分类来定义自己。这与我们的假设一致，在某一种情境下如果年龄分类是突出的，年轻穷人目标倾向于使用年轻人身份定义自己。

对于自己的热情评价中，方差分析结果并不显著，F（2，162）=1.38，p>0.05。不管是突出被试的哪一个身份，并没有影响被试对自己的热情评价。在能力评价中，方差分析结果也不显著，F（2，162）=1.57，p>0.05。但是事后检验结果表明，控制组被试对自己的能力评价要显著高于突出穷富维度组被试。因此对于年轻穷人，突出他的穷人身份以后，他对自己的能力评价会降低，这与我们的研究假设一致。

年龄刻板印象中，方差分析结果表明三组被试的年龄能力刻板印象和年龄热情刻板印象均不显著，F（2，162）=1.16，p>0.05，F（2，162）=0.05，p>0.05。此外，三组被试的穷富能力刻板印象和穷富热情刻板印象也都不显著，F（2，162）=0.21，p>0.05，F（2，162）=1.32，p>0.05。因此突出被试穷人信息或者年轻人信息并不能改变被试的穷富和年龄刻板印象程度。

（2）交叉分类目标自我刻板评价与人们对交叉分类目标的评价的结果差异

在对年轻穷人热情评价中，采用 2（目标：交叉分类目标自评、评价交叉分类目标）×3（单位分类突出性：穷富信息突出组、年龄信息突出组、控制组）组间方差分析。结果显示目标和单维分类突出性的主效应不显著，$F(1, 279)=0.94$，$p=0.33$；$F(2, 279)=0.96$，$p=0.39$，二者的交互作用边缘显著，$F(2, 279)=2.61$，$p=0.08$。简单效应分析结果表明在交叉分类目标自我刻板评价和评价目标时，单维分类突出性的主效应均不显著，$F(2, 279)=0.02$，$p=0.98$；$F(2, 279)=0.27$，$p=0.76$。

在对年轻穷人能力评价中，采用 2（目标：交叉分类目标自评、评价交叉分类目标）×3（单位分类突出性：穷富信息突出组、年龄信息突出组、控制组）方差分析。结果显示目标和单维分类突出性的主效应不显著，二者的交互作用也不显著，$F(1, 279)=0.23$，$p=0.63$；$F(2, 279)=0.52$，$p=0.59$；$F(1, 279)=0.83$，$p=0.44$。

在年龄热情刻板印象评价中，采用 2（目标：交叉分类目标自评、评价交叉分类目标）×3（单位分类突出性：穷富信息突出组、年龄信息突出组、控制组）组间方差分析。结果显示目标和单维分类突出性的主效应不显著，$F(1, 279)=0.59$，$p=0.45$，$F(2, 279)=0.23$，$p=0.80$，二者的交互作用不显著，$F(2, 285)=0.12$，$p=0.89$。其次，在年龄能力刻板印象评价时，结果表明目标的主效应和单维分类突出性的主效应不显著，二者的交互作用也不显著，$F(1, 279)=0.02$，$p=0.90$；$F(2, 279)=2.22$，$p=0.11$；F（2,

279）=0.34，p=0.71。

在穷富热情刻板印象评价中，采用2（目标：交叉分类目标自评、评价交叉分类目标）×3（单维分类突出性：穷富信息突出组、年龄信息突出组、控制组）方差分析。结果显示目标的主效应显著，F（1，279）=4.00，p=0.05，单维分类突出性的主效应不显著，F（2，279）=0.37，p=0.69，二者的交互作用不显著，F（2，279）=1.19，p=0.31。自评条件下的穷富热情刻板印象（M=2.10）高于他评条件下的穷富刻板印象（M=1.46）。其次，在穷富能力刻板印象评价中，结果显示目标的主效应不显著，单维分类突出性的主效应不显著，二者的交互作用不显著，F（1，279）=0.26，p=0.61；F（2，279）=0.49，p=0.61；F（2，279）=0.89，p=0.41。

6.3.4 讨论

研究结果表明，当一个分类区分的两个群体存在意见分歧时，该分类变得突出，成为目标自我刻板化过程中的主要分类。这与我们的假设一致。有学者曾提出工作自我概念（working self concepet），表示人们在具体某一时间段某一情境中表现出来的自我。虽然自我概念是一种相对稳定的人格特质，但是工作自我概念除了受到个体因素的影响，也受到情境的调节作用（吴小勇，等，2011）。此外，情境中突出的分类会影响交叉分类目标的自我评价，交叉分类目标的穷人分类突出时，人们的自我认识和判断是去个性化的，更多采用突出分类进行自我刻板评价，导致自我刻板的能力评价降低。这也与以往研究一致。身份突显性会影响人们的态度和学业成绩等（吴小勇，等，2011）。

结果发现，交叉分类目标自我刻板评价时，年轻穷人目标在突出年轻人身份时的自我能力评价要比穷富突出组的高，但是在自我热情评价上没有显著差异。因此交叉分类目标自我刻板评价时，突出的分类会影响自我评价，突出分类的群体刻板印象成为自我刻板评价的关键因素，但是人们只会使用该分类的积极刻板印象（年轻人是高能力的）进行自我刻板评价，该分类的消极刻板印象（年轻人是低热情的）并没有影响自我评价。自我归类而产生的内外群体进一步形成了群体归属，在强调某一群体自我的情境中，该群体自我便代替了个体自我开始引导人们的行为，此时，人们不仅意识到自己是群体的一部分，而且产生与群体的情感联系形成群体认同感与归属感，人们认同内群体的固化原型和群体规则，群体成员会将该内群体刻板印象作为自我定义的重要因素（Ellemers，2012；Ellemers，Spears & Doosje，2002）。但是人们存在积极自我评价倾向，因此只有突出的单维分类的积极刻板印象影响自我刻板评价，而会自动忽略该单维分类的消极刻板印象。因此激活年轻穷人目标的年轻人身份，该目标自评时年轻人自我概念便突出，导致对自己的能力评价增加，但是热情评价没有变化。

实验 5a 情境中交叉分类目标自我刻板评价时的年龄热情刻板印象和穷富热情刻板印象低于评价交叉分类目标时的，但是实验 5b 情境中自评条件下的年龄热情刻板印象高于他评条件下的年龄刻板印象。我们推测在非竞争条件下因为内群体差异性寻求的原因导致刻板印象降低。但是在竞争情境条件下，突出自己的个人身份信息会导致刻板印象程度增加。社会认同视角下的刻板化增强理论指出人们的刻板印象是以现实的群体差异为基础，通过社会分类、社会认同和社会比较的过程形成的（Hogg，2006）。实验 5a 的情境只是个体的群体身份的现实差异，实验 5b 的情境为社会比较过程。分类对群体的划分只是产生固化刻板认识的基础，竞争条件下群

体分类更加清晰，群体成为最重要的个体身份，导致自我评价与归类出现去人格化，使用内群体的刻板原型来定义、评价自己，并且使用外群体原型去看待每个外群体成员，最终导致刻板印象增加。

6.4 实验 5c——内群体的刻板行为对年轻穷人被试自我刻板印象评价的分类权重的影响

6.4.1 被试

190 名年轻穷人被试参与此实验，年龄范围从 15 到 23 岁。其中 61 名女生，129 名男生。121 人来自农村，69 人来自城市。

6.4.2 研究方法

6.4.2.1 研究程序

研究分为三个步骤。① 激发被试的年轻人群体和穷人群体认同。② 情境干预：被试随机分为 5 组，实验组 1 中，向被试呈现“年轻人做了刻板的低热情行为”的阅读材料。实验组 2 中，向被试呈现“年轻人做了刻板的高能力行为”的阅读材料。实验组 3 中，向被试呈现“穷人的低能力刻板行为”的阅读材料。实验组 4 中，向被试呈现“穷人的高热情刻板行为”的阅读材料。第 5 组为控制组，没有阅读材料。③ 被试评价自己的能力和热情特质、情绪状态和自尊水平等。

6.4.2.2 实验材料与工具

群体认同操纵：告诉被试你将会选择某一类群体成员作为合作伙伴完

成一项活动（非学术、非体力），活动成绩将会和另一个团队进行比较，被试被要求回答 6 个相关的问题完成社会比较过程（Crisp，Turner，& Hewstone，2010）。具体而言，为了激发年轻人群体认同回答以下问题："相比于老年人，我认为与年轻人群体合作很容易"；"相比于老年人，我认为一个群体主要由年轻人组成会给我提供最大的支持性环境"；"相比于老年人，当我和年轻人一起工作的时候，我感觉我的观点会变得有价值"；等等。我们采用同样的方法操纵被试的穷人身份认同。通过群体认同操作保证参与实验的被试均认可自己是年轻穷人目标。

情境操纵：被试随机分为 5 组，实验组 1 中，向被试呈现"年轻人做了刻板的低热情行为"的阅读材料。实验组 2 中，向被试呈现"年轻人做了刻板的高能力行为"的阅读材料。实验组 3 中，向被试呈现"穷人的低能力刻板行为"的阅读材料。实验组 4 中，向被试呈现"穷人的高热情刻板行为"的阅读材料。第 5 组为控制组，没有阅读材料。

年轻人高能力材料：中国最成功的桌游——《三国杀》，其创始人黄恺正是一位标准的大学生创业者。黄恺于 2004 年考上中国传媒大学动画学院游戏设计专业，他在大学时期对游戏设计就非常感兴趣，他模仿国外桌游设计出了具有中国特色，符合国人娱乐风格的桌游《三国杀》。2006 年 10 月，大二的黄恺开始在淘宝网上贩卖《三国杀》，没想到大受欢迎，而毕业后的黄恺并没有任何找工作的打算，而是借了 5 万元注册了一家公司，开始做起《三国杀》的生意，2009 年 6 月底《三国杀》成为中国被移植至网游平台的一款桌上游戏，2010 年《三国杀》正版桌游售出 200 多万套。大学生——这群富有创新精神的年轻人无数次证明了自己的实力，在各行各业发光发热，成为中流砥柱。

年轻人低热情材料：22 岁的吕明，平时为人比较冷漠。一次晚上坐地铁回去，车上好多人，某一站上来个大姐抱着小孩，而且小孩看着不太舒服的样子。吕明并没有让座，因为吕明从来不让座。网络上有很多帖子关注年轻人给老年人或者别人让座，很多年轻人指出没必要给别人让座，并列出以下理由：① 老年人老了，但是他的老不是我造成的，为什么要我负责？② 说什么老吾老以及人之老，那老年人为啥不换位思考：年轻人也很累，上班、供房、做家务、学习……辛劳整天，老年人站会儿不行吗？要是一会儿都站不住，那他还出来干啥？一些专家指出，尊老爱幼是中华民族的传统美德，当下年轻人过于自私，以自我为中心，没有爱心。

穷人低能力材料：吕明是出生在小城镇、家庭情况不是很好的大学生，通过高考考取了一个本科院校，吕明能力一般，大学期间虽没有什么特长，没有拿过奖学金，但是规规矩矩，没有挂科，大学后回到了自己的家乡做了一名普通的小学教师，工资不高，但是很安稳。吕明有不少大学同学留在了大城市、在大公司或者自主创业，干得风生水起。一些社会学者表示：寒门再难出贵子，良好的教育确实需要大量金钱，胎教要钱，早教班要钱，各种兴趣班要钱。除此，家庭背景的熏陶也直接影响人的性格、为人处世的方式、眼界、格局甚至能力等，经商的家庭背景下的孩子为人灵活，知识分子家庭背景下成长的孩子自信、不卑不亢，贫穷家庭背景出生的孩子则可能自卑、眼界窄、能力不足等。

穷人高热情材料：吴锦泉是一个穷人，2010 年 8 月 9 日，吴锦泉收听广播时得知甘肃舟曲发生特大泥石流灾害，将磨刀挣来的硬币凑上 1000 元钱送给红十字会捐给灾区。2013 年 4 月 20 日，四川雅安发生 7.0 级地震，吴锦泉得知此消息后，将两年来走街串巷替人磨刀挣下的 1966.2 元辛苦钱，通过红十字会捐给灾区。吴锦泉，江苏省南通市港闸区五星村一名普通村民，如今年过八旬，仅靠磨刀为生，生活并不富裕，老两口还住在三间破旧的瓦房里，但他关心社会，为村里修桥补路，去福利院看望孤儿，将自己的辛苦钱毫无保留地捐献出来。他的事迹感动了全中国人民，是 2016 年感动中国十大人物。社会上还有很多跟吴锦泉一样善良的人儿，他们或许出生贫穷，但是他们心底里面非常善良、美好。

单维分类的突出性：参见实验 5a。

自尊：采用自尊量表测量个体自尊水平（Rosenberg，1965），该问卷英文版有 10 个题目，中文版有 9 个题目，其中一个题目因为在中国人样本研究中的效度较低而被移除。问卷采用 4 级记分，所有项目的总和为最后的总分。得分越高，代表被试的自尊水平越高。

能力热情特质评定：测量被试对自己的能力和热情特质自评（Song & Zuo，2016），能力评价包括有能力的、有才能的和自信的三个特质词，热情评价包括友好的、善良的和热情的三个特质词。采用 5 点计分，1 表示具备非常少的这种品质，5 表示具备非常多的这种品质。得分越高表示被试对个体的能力和热情评价越高。

身份典型性：采用一个问题“我是典型的年轻人 / 穷人”，答案采用 5 级评分，1 表示完全不认同，5 表示完全认同。

群体认同：被试完成自我 – 内群体 – 外群体重叠（OSIO）测量（Schubert & Otten，2002），以考察被试对于自我与年轻人群体和穷人群体的关系表征。

情绪状态：采用一个题目测量被试看完阅读材料之后的身份羞耻感，“你现在感觉很羞耻”（Schmader，Block，&Lickel，2015）。采用 5 级

评分，1 表示具有非常少的这种情感，5 表示具有非常多的这种情感。此外，采用一个题目测量身份自豪感。

6.4.2.3 数据分析

拟采用方差分析比较三组被试自豪感、羞耻感、自尊水平、能力热情特质自评和身份界定的差异。此外，关注群体内成员刻板行为与身份界定的关系中身份典型性、群体认同和群体身份自豪感的中介作用。

6.4.3 研究结果

6.4.3.1 年轻人的刻板行为对年轻穷人被试自我刻板印象评价的影响

（1）方差分析结果

对于问题“我是典型的年轻人”，我们进行方差分析，结果边缘显著，F（2，96）=2.37，p<0.1。事后检验结果表明年轻人冷漠组被试相对于控制组被试认为自己并不是典型的年轻人。

被试的身份自豪感和身份羞耻感上，方差分析结果均不显著，F（2，96）=1.29，p>0.05；F（2，96）=0.42，p>0.05。事后检验结果也表明各个条件并无差异。我们推测虽然大家认为年轻人是冷漠的，但是我认为我并不是典型的年轻人，因此不会感到自豪，也不会有羞耻感。

在自尊水平上，方差分析结果也不显著，F（2，89）=1.31，p>0.05。事后检验结果也表明三组被试的自尊水平没有显著差异。群体内成员的具体行为并没有影响被试的自尊水平。

在对自己的热情评价中，方差分析结果并不显著，F（2，96）=2.06，p>0.05。但是事后检验结果表明，控制组被试要比年轻人冷漠组被试对自己的热情评价低。这与我们的研究假设相反，此处可能产生了对比效应，呈现冷漠的年轻人让被试觉得自己是高热情的。此外，在对自己的能力评价中，方差分析结果也不显著。即群体内成员的具体行为并没有影响年轻穷人目标对自己的能力评价。

最后，在对自己的身份界定上，卡方分析结果表明，三组年轻穷人被试对自己的身份界定并不存在显著的差异（χ^2=4.14，p>0.05）。使用方差分析结果表明，三组被试对自己的身份界定也不存在显著差异，F（2，96）=2.10，p>0.05，但事后检验结果表明年轻人冷漠行为组被试要比年轻人高能力组被试更多地使用穷人身份定义自己。

（2）logistic 回归分析结果

因为因变量身份界定是一个分类变量，因此在做回归分析时，需要采用 logistic 回归分析。首先关注群体内成员积极行为与身份定义的关系，自变量内群体成员积极行为是指积极行为组与控制组的比较，在控制了被试的年龄和家庭所在地以后，logistic 回归分析结果表明模型是不显著的（χ^2=0.00，df=3，p>0.05）。群体内成员的积极刻板行为并不会影响交叉分类目标的身份界定。

其次，关注内群体成员积极刻板行为与中介变量（身份典型性、身份自豪感和群体认同）的关系，结果显示内群体成员积极刻板行为不能够预测身份自豪感（χ^2=5.87，df=4，p>0.05），内群体成员积极行为也不能够预测群体认同（χ^2=1.71，df=5，p>0.05），不能预测身份典型性（χ^2=3.85，df=4，p>0.05）。因此年轻人的积极刻板行为并没有直接或者间接影响年轻穷人目标的身份界定。

6.4.3.2 穷人的刻板行为对年轻穷人被试自我刻板印象评价的影响

（1）方差分析结果

对于问题“我是典型的穷人”，我们进行方差分析，结果显著，F（2，89）=13.56，p<0.001。事后检验结果表明穷人低能力组被试相对于控制组被试认为自己并不是典型的穷人，此外，穷人高热情组被试相对于控制组被试认为自己并不是典型穷人，因此不管突出穷人群体的高热情还是低能力，被试的穷人典型性都会降低，被试并不觉得自己是典型的穷人。

穷人的身份自豪感和身份羞耻感上，方差分析结果均显著，F（2，89）=3.83，p<0.05；F=（2，89）=5.34，p<0.01。事后检验结果表明穷人低能力组被试相对于控制组被试具有较高的身份羞耻感和自豪感，此外，穷人高热情组被试相对于控制组被试也具有较高的身份羞耻感和自豪感。因此不管突出穷人群体的高热情还是低能力，被试的身份羞耻感和自豪感都增加。这与我们的研究假设并不一致，我们推测积极或者消极情境并不是只引起一种情绪，而是会连环诱发矛盾的情绪体验，穷人情境的突出本身就意味着穷人积极和消极刻板印象的同时存在，即便此时只是呈现了积极行为，但还是会诱发消极情绪。因此对于矛盾的交叉分类群体，当某一个分类突出时，人们对某一个分类身份的情绪是复杂和矛盾的，既有较高的自豪感，又有较高的羞耻感。

在自尊水平上，方差分析结果边缘显著，F（2，89）=2.87，p=0.06。事后检验结果表明穷人低能力组被试相比于穷人热情组被试的自尊水平更高。自我实现威胁理论指出，当自己的理想自我受到威胁的时候，人们会寻找更多理想自我的表征来补偿自己所受到的威胁，达到维持自尊和自我实现的目的。因此当呈现内群体成员是低能力时，这在一定程度上威胁了“我是有能力的”理想自我，对于这种威胁，我们会提高自己的自尊水平来进行补偿。此外，也有可能内群体成员的低能力行为产生了对比效应，使得被试对自己的能力评价增加，进而自尊水平增加，这些解释均需要未来研究进一步证实。

在对自己的热情评价中，方差分析结果并不显著，$F(2, 89)=2.27$，$p>0.05$。进一步事后检验结果表明控制组被试要比穷人热情组被试对自己的热情评价更高，描述了穷人群体的高热情行为以后，年轻穷人对自己的热情评价降低了。我们推测内群体成员的高热情行为让被试感觉自己并没有办法达到那样的助人为乐的高度，反而降低了对自己的热情评价。其次，在对自己能力的评价中，方差分析结果也不显著，$F(2, 89)=1.52$，$p>0.05$。事后检验显示各个组别之间也并没有显著的差异。

在对自己的身份界定上，卡方分析结果表明三组年轻穷人被试对自己的身份界定存在显著的差异（$\chi^2=10.98$，$p<0.05$）。方差分析结果也表明三组年轻穷人被试对自己的身份界定存在显著差异，$F(2, 89)=4.28$，$p<0.01$，事后检验结果表明，穷人热情组被试要比穷人低能力组被试更多地使用穷人身份界定自己。这与我们的假设相一致，突出穷人的积极刻板印象行为时要比突出穷人的消极刻板印象行为时，人们会更多地采用穷人身份来定义自己。

（2）Logistic 回归分析结果

因为因变量身份定义是一个分类变量，因此在做回归分析时，需要采用 logistic 回归分析。首先关注内群体成员积极行为与身份界定的关系，自变量群体成员积极刻板行为是指积极行为组与控制组的比较，在控制了被试的年龄和家庭所在地信息以后，logistic 回归分析结果表明，模型是显著的（χ^2=21.22, df=4, p<0.05）。内群体成员积极刻板行为能够预测身份界定，呈现积极刻板行为以后（穷人的高热情行为），年轻穷人目标倾向于使用穷人分类定义自己。

其次，关注内群体成员积极刻板行为与中介变量（身份自豪感、群体认同和身份典型性）的关系。结果显示，在控制了年龄和家庭所在地以后，内群体成员积极刻板行为能够预测身份自豪感（χ^2=8.42，df=3，p<0.05）、能够预测群体认同（χ^2=13.53，df=6，p<0.05），也能够预测身份典型性（χ^2=21.23，df=4，p<0.001）。

最后，关注自变量和中介变量对因变量的影响，结果显示整个模型是显著的（χ^2=36.69，df=16，p<0.01）。内群体成员积极刻板行为不会影响身份界定，但是穷人认同、穷人身份典型性和穷人身份自豪情绪均能预测身份界定（χ^2=23.33，df=6，p<0.001；χ^2=25.61，df=4，p<0.001；χ^2=14.31，df=3，p<0.01）。

基于以上内容，穷人认同、穷人身份典型性和穷人身份自豪感在穷人积极刻板行为和身份界定之间起到了完全中介作用，即呈现穷人高热情行为增加了被试对穷人身份的认同感，增加了穷人身份典型性的感知，增加了穷人身份自豪感，进而导致自我刻板评价时更多地使用穷人身份定义自己。

6.4.4 讨论

在对自己的身份界定中，年轻人的刻板行为并没有对年轻穷人自我刻板印象评价的分类权重产生直接的影响，但是穷人的刻板行为会影响年轻穷人目标自我刻板印象评价的分类权重。对于不显著的结果我们推测可能存在如下几种原因。① 被试对自己的评价相比于对他人的评价是相对稳定的，较少依靠刻板印象来评价自己，对自己的身份界定也完全是积极倾向的，会倾向于使用具有积极刻板印象的分类界定自己，这种自我评价并不受到或者较少受到群体内他人的行为的影响。② 对于年轻穷人目标，被试倾向于认可年轻人分类，不认同穷人分类，这导致不管突出其他年轻人的积极还是消极刻板行为，被试仍倾向于使用年轻人身份定义自己，即呈现年轻人的刻板行为时出现天花板效应而影响实验结果。

研究结果表明呈现年轻人的消极刻板行为并没有产生社会身份威胁，并没有导致情绪、自尊和自我评价的变化。但是呈现穷人的消极刻板行为产生了社会身份威胁，导致年轻穷人目标的穷人身份典型性降低、穷人身份羞耻感增加，但同时自尊水平也增加。交叉分类目标自我评价时，面对自己的多重身份，出于个体的自我保护本能，人们常常选择自己更加认同的群体来定义自己（Bodenhausen，2010）。自我归类理论指出自我认识与判断中的群体自我本质是心理群体。而心理群体常常是指高社会经济地位的群体，人们主观上自愿将自己与这一群体联系起来，接受这个群体的身份，接受群体的价值观，按照群体规则行动（Turner & Reynolds，2011）。对于年轻穷人目标，年轻人群体身份本身并不是一个污名化的群体，虽然社会上存在年轻人相比于老年人不热情、冷漠的刻板认识，但是这种消极刻板认识掩盖不了年轻人有能力的积极刻板认识，而能力才是反映个体社会经济地位的重要指标。因此我们推测并不是所有的消极刻板印象都能够诱发社会认同威胁，产生社会认同威胁的关键可能是该群体的低社会经济地位相关的刻板印象。

本研究建设性地将社会认同威胁效应在穷人群体中进行了验证，结

果发现呈现穷人的消极刻板行为产生社会认同威胁导致年轻穷人目标的羞耻感增加。对于年轻穷人目标，穷人群体是一个污名化群体，年轻穷人目标并没有基于内群体偏好而对穷人群体表现出更加积极的评价，反倒是对社会经济地位较高的富人群体给予较高的评价（Baron & Banaji，2009；Rudman，Feinberg，& Fairchild，2002）。此时呈现穷人的消极刻板行为诱发社会认同威胁，进一步诱发了穷人身份羞耻感。这种羞耻感源于对自己低社会地位的感知（Keltner，1995）和个人缺陷被公开的个人情绪体验（Tangney et al.，1996）。

本研究发现呈现穷人消极刻板印象材料后，年轻穷人目标的自尊水平反倒增加。这与以往研究不一致，Fryberg 等人（2008）指出哪怕只是简单地呈现印第安人的运动会吉祥物都会诱发认同威胁导致低自尊。这不一致的结论可能是因为本研究关注的是交叉分类目标，穷人低能力的消极刻板印象诱发了年轻穷人目标的穷人身份羞耻感，但是对于年轻穷人目标，年轻人高能力的积极刻板印象在一定程度上弥补了穷人低能力的消极刻板印象，一定程度上补偿了个体自尊水平的下降。这种交叉分类效应在众多实证研究中均得到证实（Kang et al.，2014；Song &Zuo，2016）。并且被调查对象为在校大学生，这些被试通常自信、有能力、相信自己工作以后能够摆脱贫穷生活，步入高社会经济地位阶层。因此现实情况下的短期客观穷人身份只能带来临时的羞耻感，穷人内群体成员的低能力行为反倒对比出自己“有为大学生”的身份，导致自尊心提高了。

该研究存在以下不足。首先，对于年轻穷人群体身份的激活，本研究分别激活了年轻人群体身份和穷人群体身份，而不是直接激活年轻穷人这个交叉分类的群体身份。其次，目标的自我评价采用外显的能力和热情特质评价，并没有采用内隐测量方法。外显特质评价法不能摆脱社会称许性的影响。再者，能力维度主要涉及个人的一般能力，并没有对能力进行精确划分，比如智力、运动能力等。此外，本研究只是关注社会认同威胁的短时效应，未来研究有必要关注长时间暴露在消极刻板原型的大众媒体中对群体评价的长期消极影响。

第 7 章 总体讨论

对多重分类目标评价时的单维分类的功能重要性和多重分类目标自我刻板评价时的单维分类功能重要性的影响因素各不相同，评价者的特质和情境因素共同影响对多重分类目标评价时的单维分类权重，而群体认同和情景因素共同影响多重分类目标自评时的单维分类权重。这些研究假设基本上得到了验证。

7.1 对多重分类目标评价时的单维分类的权重大小

评价者的特质和情境因素共同影响人们对交叉分类目标评价时的单维分类权重，其中评价者的特质包括了评价者以往的归类经验、评价者对分类的刻板印象强度、评价者的身份特质、评价者的情绪和对比思维状态（Crisp & Hewstone，2007；Song & Zuo，2017）。研究结果证实了评价者因素和情境因素对分类权重的共同影响，但是评价者以往归类经验对分类权重的影响并没有得到证实。

7.1.1　单维分类本身的功能重要性

研究同时关注年龄分类、性别分类、种族分类和职业分类（警察和医生）。结果发现被试对多重分类目标的性别信息识别速度最快，其次是种族和职业信息，识别速度最慢的是年龄信息。需要说明的是该研究结果绝对不能脱离本研究的被试，年轻大学生这个阶段的关键任务就是建立亲密感，发展自己的亲密爱人，因此对性别信息的识别速度可能是最快的。其次，在该照片信息识别中，种族表现为身体皮肤的白色和黑色，而职业表现为着装的白色和黑色，都有非常明显的外部表征，甚至不需要观察面孔细节特征就能判断出来。这可能是目标的年龄分类识别最慢的其中一个原因。

其次，结果表明人们更倾向于使用职业分类进行归类，然后分别为种族分类、年龄分类和性别分类。在对他人进行归类时，他们的职业服装是进行归类的主要依据。我们推测，职业身份是完全自主个人选择的，这种人们可以自主选择的分类身份要比人们不能自主选择的自然分类更能引起人们的注意。以往研究也发现，相对于性别、种族等固有的低选择性维度分类而言，职业等具有高选择性的分类更能体现出分类目标的潜在自愿意图和动机，因此，在多重社会分类的整体印象评价中发挥着更具支配性的作用（Rozendal，2003）。再者，性别分类在归类任务中的作用最低，即人们很容易将男女归为一类，伴侣被称为我们的“另一半”，找到了那个人我们才能被称为完整的人。

两个研究采用不同的研究任务结果也存在很大的差别，然而这两个研究结果并没有相互矛盾，比如我对性别信息的识别速度更快，远快于年龄分类，但是相比于年龄分类差异我愿意将不同性别的人归为一组。这提示

我们分类的功能重要性的问题非常复杂，在不同的任务中，人们的动机和关注点不同，各个分类的重要性也不相同。以往研究也指出在不同的情境下，评价者的认知和评价动机各不相同（Casper et al.，2015），与任务联系更紧密的维度通常是最可接近的主要分类维度，而与任务联系不紧密的是次要分类维度。比如，在一个性别相关的任务中，性别分类更易接近和突显，性别分类的功能重要性更大；在一个追求经验的任务中，年龄分类的功能重要性更大（Bodenhausen，2010）；而在能力评价中，与能力直接相关的穷富分类的功能重要性更大（Song & Zuo，2016）。

7.1.2　评价者特质对分类权重的影响

7.1.2.1　评价者身份特质影响分类权重

关注评价者特质对单维分类功能重要性影响时，我们只选择穷富和年龄分类组成的交叉分类目标，而没有关注复杂的多重分类目标。结果发现不同身份特征的被试对目标的分类权重的影响结果并不一致，被试的分类特点会影响结果（Kang et al.，2014）。自我归类理论指出我们存在内群体偏好外群体贬损效应（Crisp & Hewstone，2006）。在对一个既包括了内群体身份又包括了外群体身份的交叉目标的评价中，人们是偏向于关注其内群体身份将其归为“我们”的行列，还是偏向于关注其外群体身份将其归为“他们”的行列？我们的研究结果指出人们更愿意关注交叉分类目标的外群体分类，我们推测在安全的实验情景下被试在评价一个陌生人目标时倾向于关注自己与该目标的差异点，寻找自己的突出面和独特部分。

7.1.2.2　评价者刻板认知强度影响分类权重

评价者的刻板印象强度会影响单维分类的功能重要性，我们总结以下规律：

穷人分类突出效应——老年穷人与年轻穷人的能力热情评价

在不考虑情境的条件下，对年轻穷人和老年穷人的能力评价上，穷人均是主要的分类。穷富信息是与个人能力紧密联系的分类（Cuddy，et al.，2009），以往研究也指出穷富分类的能力刻板印象的强度要比年龄分类的能力刻板印象强度高（Fiske，et al.，2002）。

我们推测在涉及穷人分类的交叉分类目标时，穷人分类因为其高刻板印象强度而导致穷人分类均是主要的分类。以往研究指出儿童表现出对高社会地位个体的偏爱（Shutts，et al.，2015），我们推测这种偏爱也反映了人们总是能够快速识别出个体的社会地位信息，快速识别出高社会经济地位个体和低社会经济地位个体，并进一步表现出对高社会地位个体的积极态度和对低社会地位个体的消极态度。我们对社会身份地位信息的判断可能如自然分类信息一样是自动化的过程。

评价动机影响单维分类的权重——老年富人能力热情评价

在对老年富人的能力评价上，富人是主要的分类维度而认为老年富人是高能力的，热情评价上，老年人是主要的分类维度而认为老年富人是高热情的。这提示我们不同的评价动机和评价任务下，主要的分类维度并不相同。这与以往的研究假设一致，在评价任务中评价指标不同，主要的分类不同，在强调能力的任务中，穷富分类比较突出；在强调社会阅历的任务中，年龄分类比较突出（Casper，et al.，2011；Casper，Rothermund，&

Wentura，2015）。

对老年富人目标的评价中，人们似乎倾向于选择具有积极刻板印象的分类来定义他人。对于上述结果有两种可能的解释：① 人们在不涉及具体情境的条件下，倾向于对老年富人进行积极的评价，有着积极刻板印象的分类更突出，人们存在积极评价倾向；② 老年富人已经是一个整体，社会上人们对老年富人有其独特的稳定的刻板印象，人们刻板地认为老年富人就是高能力和高热情的群体，这样间接导致具有积极刻板印象的分类是突出的。

总结而言，我们推测在没有情境因素的条件下，对两个单维分类的权重分析存在以下定律：① 刻板印象强度比较高的分类是主要的分类；②对交叉分类目标的评价中，不管是能力还是热情评价中均存在穷人身份优先突出效应；③对老年富人的分类权重受到评价动机的影响，在能力和热情评价下单维分类的权重大小结果各不同，并且人们倾向于使用积极刻板印象的分类来定义老年富人目标。这三个原则的普适性和使用范围依次降低，对于所有的交叉分类目标第一条定律都是适用的，刻板印象强度较高的分类是主要的分类，第二条定律适用于包含有穷人分类的交叉分类群体，第三条定律适用于老年富人交叉分类目标。

7.1.2.3 评价者的情绪和对比思维对单维分类功能重要性的影响

情绪会影响我们对交叉分类目标的评价，在对老年富人进行热情评价时，积极情绪条件下，我们更加关注老年富人的老年人身份，而在消极情绪条件下，我们更加关注老年富人的富人身份。Huntsinger 等人（2012，2014）总结了情绪影响社会认知的一般规律，这个规律为知觉者在积极情绪条件下会认为任何能接触到的信息、想法和行为反应倾向都是有价值的，知觉者在消极情绪条件下认为任何能接触到的信息、想法和行为反应倾向都是没有价值的。

结果表明在对老年富人的热情评价中，被试在消极情绪、相似对比思维时，老年人是主要的分类。消极情绪、差异对比思维时，富人是主要的分类。情绪是影响刻板印象表达的重要因素（Huntsinger，Sinclair，Dunn，& Clore，2010；Huntsinger & Sinclair，2009；王美芳，杨峰，顾吉有，闫秀梅，2015）。积极情绪的知觉者会采用快速的加工策略，进行自动化的认知判断加工过程。消极情绪的知觉者倾向于采用详细的、系统化的加工策略，需要消耗更多的认知资源与时间（Huntsinger，Sinclair，Dunn，& Clore，2010；Storbeck & Clore，2005）。在消极情绪条件下，并且是相似对比思维时，被试理性客观地寻找自己跟这个老年富人目标的相似点，会发现自己跟老年富人一样，未来一定会变老。而在差异对比思维下，被试理性比较自己跟老年富人的差异，会发现，自己现在没有钱，因为我们的被试均是在校大学生，还没有经济收入，并且绝大部分认为自己的家庭经济状态是中等偏下。

7.1.3　情境对分类权重的影响

研究所涉及的情境主要包括两种类型：① 目标所处的环境；② 目标的具体行为表现。两种情境下交叉分类目标的突出分类表现出不同的结果和机制。

7.1.3.1　目标所处的环境：情境中突出的分类是主要的分类

研究结果证实了在某一情境下目标个体突出的、独特的分类会是被试定义该目标的主要分类，这与我们的假设一致，也与以往研究一致（Casper, et al.，2011）。但是本研究发现对交叉分类目标的评价并不一定会按照此独特分类的刻板印象，对该目标的评价会参照整个情境。即突出的分类会成为我们定义该目标的主要分类，但是并不总会指引我们评价该目标。这提示我们分类的目的可能只是为了标签被试，方便日常生活的表达和归类，分类并一定总是会带来刻板印象评价。

7.1.3.2　目标的具体行为

（1）违反刻板预期的分类是主要分类——老年富人的热情评价

在目标的具体行为的情境中，针对老年富人的热情评价，老年富人做了高热情行为时，富人是主要的分类维度，做了低热情行为时，老年人是主要的分类维度，即做了违反刻板预期行为的分类是主要的分类。这与我们的假设一致（Bettencourt，Dill，Greathouse，Charlton，& Mulholland，1997；Dickter & Gyurovski，2012；Garcia-Marques，Mackie，Maitner，& Claypool，2016；Jer ó nimo，Volpert，& Bartholow，2016）。做了违反刻板预期行为的分类是最突出的分类，老年富人做了高热情行为时，老年人的高热情行为是符合刻板印象预期的，富人的高热情行为是违反刻板印象预期的，此时富人是最突出的分类。对于违反刻板预期的事件总是引起人们更多的关注，付出认知努力思考为什么一个富人这么有爱心，这导致对富人分类的关注。

这种刻板预期违背效应是社会心理学研究的热点问题，大量学者关注违反刻板预期的行为和信息带来的影响，研究指出违反刻板预期会带来惊讶的情绪，提高个体的认知灵活性和创造性思维，降低刻板印象、偏见态度和歧视行为（Song & Zuo，2016）。因此刻板预期违背像是新世界大门的按钮一样，告诉我们新奇的观点，形成新的知识网络连接。此外，很多学者关注了人们对违反刻板预期的目标（女科学家，男护士）的评价，部分研究指出人们对反刻板目标的评价非常极端（Giannakakis & Fritsche，2011），人们不接受这种与自己预期不一致的事物（Biernat & Vescio，2002）。但是也有研究指出人们对女科学家等目标的评价非常积极，女性科学家具备了双性化特质，既有女性特质又表现出男性的高能力特质。佐斌（2016）指出人们对反刻板目标评价存在爬坡坠崖模型，即随着目标反刻板程度的提升，人们对其评价也越来越积极，但是随着反刻板程度的再次提升，人们对其评价开始显著下降。

（2）老年人分类突出效应——老年富人和老年穷人在具体情境下的结果

在老年富人能力评价中，不管老年富人做了高能力还是低能力行为，老年人均是主要分类。此时违反刻板预期的分类是主要分类的假设并没有得到验证。在非情境条件下，研究结果显示富人分类是老年富人能力评价的主要的分类维度，但是在具体行为情境条件下，老年富人目标的老年人分类却是主要分类。我们推测在涉及老年分类的交叉分类目标的能力评价中，不管具体行为是怎样的，不管两个单维分类的刻板印象强度是怎样的，在具体行为情景中均是老年人身份最突出。我们推测这可能与老年人身体行动迟缓、身体不方便的高刻板印象存在一定关系（Carole & David，1996）。

再者，针对老年穷人，不管老年穷人做了什么行为，人们均倾向于使

用老年人分类定义该目标。而在非情境条件下，不管能力还是热情评价，穷人均是主要的分类。这与老年富人的能力评价的结果非常类似，再一次验证了对于包含有老年人的交叉分类目标，在具体行为情境下，其老年人身份均是最突出的。我们推测让被试只评价老年穷人目标时，此时“老年穷人”目标只是一个非常模糊的形象，因为对穷人分类的高刻板印象（Fiske, et al.，2002），被试认为穷人分类是主要的分类。但是在具体行为情境下，“老年穷人”目标的形象变得更加清晰，个体能够想象一个蹒跚的老年人，衣着寒酸的经历着那些事情，在这样清晰的形象展示下，老年人的身体形象（Carole & David，1996）变得更加突出。

（3）热情评价中年轻人是主要分类，能力评价中穷富是主要分类——年轻穷人和年轻富人的结果

针对年轻穷人，在热情评价中，不管是年轻穷人做了高热情行为还是低热情行为，人们均倾向于采用年轻人分类定义该目标。在能力评价中，不管是年轻穷人做了高能力还是低能力行为，人们均倾向于采用穷人分类定义这个年轻穷人目标。针对年轻富人，在热情评价中，不管年轻富人做了高热情行为还是低热情行为，人们均倾向于采用年轻人分类定义该目标。在能力评价中，不管是年轻富人做了高能力还是低能力行为，人们均倾向于采用富人分类定义该目标。总结年轻穷人和年轻富人的研究结果可知，在热情评价上，年轻人分类突出，但是在能力评价上，穷富分类突出。此研究结果论证了：① 评价动机和评价任务不同，分类权重并不相同；② 刻板印象强度比较高的分类是主要的分类维度。

总结而言，在具体行为情境下，分类权重的结果可以归纳为：① 对于老年富人的热情评价，做了违反刻板预期行为的分类是主要的分类；② 对

于老年富人的能力评价和老年穷人的能力和热情评价中存在老年人身份优先突出效应，即虽然老年人的刻板印象强度不一定高，但是在具体行为中，老年人的身份是最突出的；③对于年轻穷人和年轻富人的热情评价，年轻人是主要分类，对于年轻富人和年轻穷人的能力评价，穷富分类是主要的分类，即热情评价中年轻人身份是主要的分类，但是能力评价中穷富维度是主要分类。

梳理后的结果仍然比较杂乱，我们推测其中的基本原则有两个。第一个是包含老年人分类的交叉分类目标，在具体行为情境中，老年人身份是最突出的，第二个是包含年轻人分类的交叉分类目标，热情评价中年轻人身份突出，能力评价中穷富分类突出。而刻板预期违背效应可能只是在对老年富人目标的热情评价中的一个独特机制，并不具备普适性。

（4）内隐与外显评价的结果差异

在对年轻穷人分类权重的研究中，外显特质评价法和内隐刻板印象解释偏差法得出了不一致的结果，人们在外显评价中倾向于使用年轻人分类定义该目标，但是在内隐层面上更倾向于使用穷人分类定义该目标。穷人分类本身代表了一种较低社会阶层，具有比较消极的刻板印象。外显评价中，因为社会称许性的影响，人们站在道德的高度不愿意使用一个具有消极刻板印象的群体分类来定义某一个目标，然而在内隐层面，人们依然较关注其穷人身份。

7.2 交叉分类目标自我刻板评价时的两个单维分类的权重大小

7.2.1 群体认同对单维分类权重的影响

研究指出，对于激发认同自己是年轻穷人的个体，两个自己所归属的单维分类：年轻人分类和穷人分类，被试对哪一个分类的认同程度更高时，该分类是自评时的主要分类。这与以往研究结果一致。自我归类理论（self-categorization theory）指出经过社会认同过程形成的社会群体的本质是心理群体，它是指在心理上对于成员具有重要性的群体（Turner，2010），并不是人们在客观上所属的群体。因此心理群体是自评时的关键群体。

7.2.2 情境对单维分类权重的影响

7.2.2.1 情境中最突出的分类是主要的分类

在情境中最独特、突出的分类是被试定义自己的主要分类。这与我们的假设一致，不管是对年轻穷人目标进行评价，还是一个年轻穷人目标进行自评，情境中最独特的分类均是定义他人与自评时的主要分类（Turner，2010）。这说明了我们对自己的认识中常常关注自己最独特的分类，心理学家霍尼指出人们具有完全矛盾的两种内在需求，一种是追求一致性，我们希望得到群体的认可，获得归属感与安全感，另一种是独特性需求，我们追求自己作为一个独特个体存在于世的价值所在。

7.2.2.2　内群体成员的积极刻板行为增加该分类的权重

某一内群体成员的积极刻板行为会影响被试自我刻板评价时两个单维分类的权重，对于一个年轻穷人目标，他在呈现穷人的高热情行为要比呈现穷人的低能力行为时更多地使用穷人身份来定义自己。这与我们的假设一致。

内群体成员的积极刻板行为会增加被试对该群体的认同程度，让被试觉得自己是这个群体中的典型一员，并且这个群体身份让个体感觉非常自豪（Schmader，et al.，2015），进而导致被试在当下情境中会倾向于使用该分类定义自己，该分类是交叉分类目标自评时的主要分类。同时，内群体成员的消极刻板行为会降低被试对该群体的认同程度，让被试觉得自己并不是这个群体中的典型一员，并且这个群体身份让个体感觉非常羞耻（Schmader et al.，2015），进而导致被试在当下情境中会倾向于避免使用该分类定义自己。比如穷人被刻板地认为能力是比较低的，如果其他穷人做出了失败行为时，穷人目标的积极自我认识受到威胁，认为穷人的身份让自己感到非常羞耻，此时穷人目标可能通过以下方式缓解这种威胁引起的不安：① 认为自己并不是典型的穷人；② 对穷人群体的认同程度降低；③ 降低穷人身份在自我评价中的重要性。

7.3　研究局限

本研究存在以下不足。

研究目标上，虽然本研究选定了具有可变化性的社会分类（年龄分类和穷富分类），但是在研究过程中，并没有相应的研究设计能够突显出可变化的社会分类。以往研究让年轻人想象自己是老年人时对交叉分类目标再次进行评价，让老年人想象自己是年轻人时对交叉分类目标再次进行评价，以此来关注年龄社会分类的动态变化对年龄刻板印象的影响（Kang, et al.，2014）。其次，本研究主要关注了穷富和年龄分类，这两个分类的研究结果并不能推广到其他分类上，性别分类和种族分类是最基本的分类，是个体存在必不可少的重要身份信息。未来研究应该进一步扩展到性别、种族、年龄、职业和财富分类等分类组成的多重分类目标（Song & Zuo，2016）。再者，我们简单按照年龄分类将个体分为老年人和年轻人，按照穷富维度将个体分为穷人和富人，然而分类如此复杂，仅从年龄分类来看，还存在婴儿、中年人等刻板印象明显的分类需要我们进一步挖掘和探索（Song & Zuo，2016）。

研究对象上，我们分析了老年富人、老年穷人、年轻富人和年轻穷人。然而调查中我们的绝大部分被试都是年轻人，全面比较年轻人和老年人对四种交叉分类群体的评价能够揭示出被试特点对分类权重的影响（Song & Zuo，2016）。

研究方法上，虽然我们采用了多种研究方法，但是不同的研究方法的研究结果存在差异，这提示我们刻板印象的测量方法影响了分类权重的结果。内隐刻板印象解释偏差方法中的专家主观评价法的科学性虽然在以往研究中被证实是有效的（Song & Zuo，2016），但是仍然需要我们进行更多的验证，而外显特质评价法不能摆脱社会称许性的影响，而掩盖实验的真实结果。刻板印象的评定方法上，基于刻板印象内容模型，我们采用能力和热情相关特质进行直接评定，然而年龄刻板印象的内容范围远大于此，以往研究指出年龄刻板印象所涉及的特质词包括三个方面：身体外部特征和身体健康状况、态度或社交关系、个人智力和认知能力（Carole & David，1996）。因此能力和热情的两个基本维度并没有全面涵盖刻板印象的内容。刻板印象的研究方法仍然有漫漫长路需要摸索。此外，对突出分类的测量上，分别采用了“分类信息识别速度”“归类偏好”“盒子任务”“写作任务”从信息识别、归类、特质评价和特质描述几个方面关注多重分类目标的哪一个单维分类更加突出，并且采用一道题目“你认为该目标属于哪一个群体”让被试破选某一个分类。其他更直接更有效的方法仍然需要探索。

此外，在自我刻板评价的研究中，我们通过实验操纵了被试对年轻人群体和对穷人群体的认同，以此来起到筛选出具有年轻穷人身份认同的人，然而并没有直接操纵被试对年轻穷人群体的认同，直接操纵被试对年轻穷人群体的认同的操纵更加直接和有效（严磊，2016）。再者，自我刻板评价的研究中情境材料的选择并没有进行科学的评定，穷人高热情行为描述的材料中，穷人行为的高热情程度可能为 10 分（非常热情，理论假设值），但是穷人低能行为描述的材料中，穷人行为的低能力程度可能为 7 分（能力比较低，理论假设值），因此研究设计的材料可能并不同质。我们没有采用科学的方法对实验材料进行有效操纵。

7.4　未来研究方向

社会分类是社会心理学研究的基础问题，虽然目前已经受到了大量学者的关注和探索，然而还有非常多的内容没有涉及，目前已经出版的著作只是社会分类研究中的冰山一角。笔者简单梳理了以下几个方向需要研究者进一步探索。

（1）分类的优点和缺点。分类是通过探索与其他事物的差异和相似点来了解某个事物的心理过程。这种自动将人们分为几种类型的能力使得人们付出非常小的努力和意识注意就能对某个群体做出判断，因此分类本身是具有重要功能意义的，众多的分类形成社会图示简化了人们的生活。然而分类也是邪恶的，这种简化的认知过程常常伴随着对某一些群体的错误判断和偏见，我们常常会高估外群体成员的一致性，忽略每一个成员的个性化，进而不能全面客观地做出判断。未来的研究有必要探索分类优点与缺点的权衡问题，群体偏见和认知简化之间的权衡，怎样利用最少的认知资源做出最正确的判断（Crisp & Hewstone，2007）。

（2）分类的复杂性和时间、情境迁移性。分类并非静止不动的，大部分人都会经历婴儿、年轻人、中年人和老年人，我们所隶属的分类随着自己的社会阅历不断变化，而不是一成不变的。因此分类的研究应该是动态的，而非静态的（Crisp & Hewstone，2007）。

（3）分类作为一种资源对个体的影响，我们会发现随着社会分类的数量的增加，出现冲突的可能性也会增加（Marquardt，et al.，2016），比如有些人是亚洲人，又是女生，亚洲人被刻板地认为是高数学能力的，而女生被刻板地认为是具有低数学能力的。此时这两种自我就是矛盾的。这些多重复杂的身份会影响个体行为。如果突出这个亚洲女性的亚洲人身份，此时该目标的数学成绩会增加，而突出这个亚洲女性的女性身份，此时该目标的数学成绩会下降。每个人所具有的多重身份会给个体带来复杂的影响，这需要研究者给予更多的关注。

（4）多重分类是降低偏见的有效措施，多重分类对偏见的降低作用得到多方验证，研究指出多重分类信息的呈现给被试呈现了一个去个性化的写实的人，增加了个体对该目标的熟悉性，导致刻板印象降低（Crisp，Turner，& Hewstone，2010）。然而缺乏可推广性高的具体措施。

（5）刻板印象威胁的作用，刻板印象威胁效应是指因为消极刻板印象的影响导致具有消极刻板印象的个体在具体测验中会因为害怕验证了这种消极刻板印象而表现较差的过程（Schmader & Lickel，2006）。在多重分类目标中验证这种刻板印象威胁效应是未来研究的一个新的方向。

7.5　结论

根据以上研究结果，我们总结了以下结论。

在性别分类、种族分类、年龄分类和职业分类的功能重要性进行比较时，人们对性别分类的识别速度最快。但是在归类偏好任务中，人们更偏好于按照职业分类对目标进行归类。

此外，针对穷富和年龄组成的交叉分类目标，得出以下结论。

（1）被试本身的身份特点不同，对同一交叉分类目标的分类权重结果也不相同。其次，在不涉及情境的条件下，刻板印象强度比较高的分类是主要的分类得到了部分验证。此外，在本研究中，被试先前的归类经验并没有影响被试此后归类任务中的归类偏好。再者，评价者的情绪和对比思维会影响单维分类功能重要性。

（2）在评价交叉分类目标时，在某一情境下突出、独特的分类是主要的分类。目标的具体行为会影响单维分类的功能重要性，针对老年富人的热情评价，做了违反刻板预期行为的分类是主要的分类，证明了刻板预期违背效应。对于老年穷人和老年富人能力与热情评价（除了老年富人的热情评价），老年人是主要的分类，存在老年人身份优先效应。对于年轻

穷人和年轻富人的热情评价，年轻人是主要分类，对于年轻富人和年轻穷人的能力评价，穷富分类是主要的分类，即随着评价动机不同，主要的分类也不同。

（3）交叉分类目标自我刻板评价时，群体认同程度比较高的分类是主要的分类。

（4）交叉分类目标自我刻板评价时，情境下突出、独特的分类是主要的分类。内群体成员的刻板行为会影响目标自我刻板印象评价中的分类权重。即某一分类的内群体成员的积极刻板行为会增加该分类的群体认同，提高身份典型性，增加身份自豪感，最终导致该分类的权重增加。

参考文献

[1] Abele A E, Wojciszke B. Communal and Agentic Content in Social Cognition: A Dual Perspective Model [J] . Advances in Experimental Social Psychology, 2014, 50 (50) : 195–255.

[2] Abrams D, Hogg M A. Social identity and self–categorization [M] . The SAGE handbook of prejudice, stereotyping and discrimination, 2010: 179–193.

[3] Allport G W. The nature of prejudice [M] . New York: Addi–son–Wesley, 1954.

[4] Bar–Haim Y, Ziv T, Lamy D, et al. Nature and nurture in own–race face processing [J] . Psychological Science, 2006 (17) : 159–163.

[5] Baron A S, Banaji M R. The development of implicit attitudes: Evidence of race evaluations from ages, 6, 10, and adulthood [J] . Psychological Science, 2006 (17) : 53–58.

[6] Bernstein M J，Young S G，Hugenberg K. The Cross–Category Effect：Mere Social Categorization Is Sufficient to Elicit an Own–Group Bias in Face Recognition [J] . Psychological ence，2007，18（8）：706–712.

[7] Bettencourt B A，Dill K E，Greathouse S A，et al. Evaluations of Ingroup and Outgroup Members：The Role of Category–Based Expectancy Violation [J] . Journal of Experimental Social Psychology，1997，33（3）：244–275.

[8] Biernat M，Vescio T K. She Swings，She Hits，She's Great，She's Benched：Implications of Gender–Based Shifting Standards for Judgment and Behavior[J]. Personality & Social Psychology Bulletin，2002，28（1）：66–77.

[9] Blakemore K，Boneham M. Age，race and ethnicity：A comparative approach [M] . Buckingham，UK：Open University Press，1994.

[10] Bodenhausen G V. Diversity in the person，diversity in the group：Challenges of identity complexity for social perception and social interaction [J] . European Journal of Social Psychology，2010，40（1）：1–16.

[11] Bodenhausen G V，Peery D. Social Categorization and Stereotyping In vivo：The VUCA Challenge [J] . Social and Personality Psychology Compass，2009，3（2）：133–151.

[12] Burgers C，Beukeboom C J. Stereotype Transmission and Maintenance Through Interpersonal Communication：The Irony Bias [J] . Communication Research，2016，1（3）：27–52.

[13] Casper C, Rothermund K, Wentura D. The activation of specific facets of age stereotypes depends on individuating information [J] . Social Cognition, 2011, 29 (4) : 393–414.

[14] Casper C, Rothermund K, Wentura D. Automatic stereotype activation is context dependent [J] . Social Psychology, 2015, 41 (3) : 131–136.

[15] Chang C, Hitchon J C B. When does gender count? Further insights into gender schematic processing or female candidates' political advertisements [J] . Sex Roles, 2004 (51) : 197–208.

[16] Chasteen A L, Kang S K, Remedios J D. Aging and stereotype threat: Development, process, and interventions [M] //In M. Inzlicht & T. Schmader (Eds.) , Stereotype threat: Theory, process, and application. Oxford, UK: Oxford University Press , 2011.

[17] Chasteen A, Kang S, Remedios J. Aging and stereotype threat: Development, process, and interventions [J] . Stereotype threat: Theory, process, and application, 2012 (2) : 202–216.

[18] Cloutier J, Freeman J B, Ambady N. Investigating the early stages of person perception: The asymmetry of social categorization by sex vs. age [J] . PLoS ONE, 2014, 9 (1) .

[19] Cohen J, Cohen P, West S G, et al. Applied multiple regression/ correlation analysis for the behavioral sciences (3rd ed) [M] . Mahwah, NJ: Erlbaum, 2003.

[20] Cohen J, Cohen P, West S G, et al. Applied multiple regression/ correlation analysis for the behavioral sciences: Routledge [M] .

Mahwah，NJ：Erlbaum，2013.

[21] Corcoran K，Hundhammer T，Mussweiler T. A tool for thought! When comparative thinking reduces stereotyping effects [J]. Journal of Experimental Social Psychology，2009，45（4）：1008–1011.

[22] Correll J，Park B，Judd C M，et al. Across the thin blue line：Police offers and racial bias in the decision to shoot [J]. Journal of Personality and Social Psychology，2007，92（6）：1006–1023.

[23] Crisp R J，Hewstone M. Inclusiveness and crossed categorization：Effects on co–joined category evaluations of in–group and out–group primes [J]. British Journal of Social Psychology，2003（42）：25–38.

[24] Crisp R J，Hewstone M. Multiple Social Categorization：Processes，Models，and Applications：Taylor & Francis [M]. 2006.

[25] Crisp R J，Hewstone M，Richards Z，et al. Inclusiveness and crossed categorization：Effects on co - joined category evaluations of in - group and out - group primes [J]. British Journal of Social Psychology，2003，42（1）：25–38.

[26] Crisp，R.J.，& Hewstone，M. Multiple social categorization [M] //In M. P. Zanna（Ed.），Advances in experimental social psychology. Orlando，FL：Academic Press，2007.

[27] Crisp R J，Turner R N，Hewstone M. Common ingroup and complex identifies：Routes to reduce bias in mutiple category context [J]. Group Dynamics Theory，Research Practice，2007，14（1）：32–46.

[28] Cuddy A J C, Norton M I, Fiske S T. This old stereotype: The pervasiveness and persistence of the elderly stereotype [J] . Journal of Social Issues, 2005 (61) : 267–285.

[29] Cuddy A J, Fiske S T, Kwan V S, et al. Stereotype content model across cultures: Towards universal similarities and some differences [J] . British Journal of Social Psychology, 2009, 48 (1) : 1–33.

[30] Cuddy A J, Wolf E B, Glick P, et al. Men as cultural ideals: Cultural values moderate gender stereotype content [J] . Journal of personality and social psychology, 2015, 109 (4) : 622–635.

[31] Cuddy A, Fiske S T, Kwan V S Y. Is stereotyping culture–bound? A cross–cultural comparison of stereotyping principles reveals systematic similarities and differences [D] . Unpublished manuscript, Princeton University, 2005.

[32] Deaux K. Categories we live [M] //In Wiley, Shaun (Ed) ; Philog è ne, Gina (Ed) ; Revenson, Tracey A. (Ed) , Social categories in everyday experience. Washington, DC, 2012.

[33] Dickter C, Gyurovski I. The effects of expectancy violations on early attention to race in an impression–formation paradigm [J] . Social neuroscience, 2012, 7 (3) : 240–251.

[34] Dommelen A, Schmid K, Hewstone M, et al. Construing multiple ingroups: Assessing social identity inclusiveness and structure in ethnic and religious minority group members [J] . European Journal of Social Psychology, 2015, 45 (3) : 386–399.

[35] Donders N C, Correll J, Wittenbrink B. Danger stereotypes predict racially biased attentional allocation [J] . Journal of Experimental Social Psychology, 2008 (44) : 1328–1333.

[36] Dovidio J F, Gaertner S L. Intergroup Bias [M] //In S. T. Fiske, D. T. Gilbert & G. Lindzey (Eds.) , Handbook of Social Psychology. Hoboken, N J: John Wiley & Sons, Inc, 2010.

[37] Dovidio J F, Kawakami K, Johnson C, et al. On the Nature of Prejudice: Automatic and Controlled Processes [J] . Journal of Experimental Social Psychology, 1997, 33 (5) : 510–540.

[38] Eberhardt J L, Goff P A, Purdie V J, et al. Seeing black: Race, crime, and visual processing [J] . Journal of Personality and Social Psychology, 2004 (87) : 876 –893.

[39] Echabe, Agustin Echebarria. Crossed–categorization and stereotypes: Class and ethnicity [J] . Revue Internationale de Psychologie Sociale, 2006, 19 (2) : 81–101.

[40] Efferson C, Lalive R, Fehr E. The coevolution of cultural groups and ingroup favoritism [J] . Science, 2008 (321) : 1844–1849.

[41] Eich T S, Murayama K, Castel A D, et al. The Dynamic Effects of Age–Related Stereotype Threat on Explicit and Implicit Memory Performance in Older Adults [J] . Social Cognition, 2014, 32 (6) : 559–570.

[42] Eidson R C, Coley J D. Not so fast: Reassessing gender essentialism in young adults [J]. Journal of Cognition and Development, 2014, 15 (2): 382–392.

[43] Fazio R H, Jackson J R, Dunton B C, et al. Variability in automatic activation as an unobtrusive measure of racial attitudes: a bona fide pipeline? [J] . Journal of Personality and Social Psychology, 1995, 69 (6): 1013–1027.

[44] Festinger L. A theory of cognitive dissonance (Vol. 2) [M] . Stanford university press. 1962.

[45] Fiske S T, Taylor S E. Social cognition: From brains to culture [M] . New York: McGraw–Hill, 2007.

[46] Fiske S T, Cuddy A J, Glick P. Universal dimensions of social cognition: Warmth and competence [J] . Trends in Cognitive Sciences, 2007, 11 (2): 77–83.

[47] Fiske S T, Cuddy A J, Glick P, et al. A model of (often mixed) stereotype content: competence and warmth respectively follow from perceived status and competition [J] . Journal of Personality and Social Psychology, 2002, 82 (6): 878–902.

[48] Freeman J B, Ambady N. A dynamic interactive theory of person construal [J] . Psychological review, 2011, 118 (2): 247–249.

[49] Freiwald W, Yovel G, Duchaine B. Face Processing Systems: From Neurons to Real World Social Perception [J] . Annual Review of Neuroscience, 2016, 39 (1): 325–346.

[50] Galinsky A D, Hall E V, Cuddy A J. Gendered races implications for interracial marriage, leadership selection, and athletic participation [J] . Psychological science, 2013, 24 (4): 498–506.

[51] Garcia–Marques T，Mackie D M，Maitner A T，et al. Moderation of the Familiarity–Stereotyping Effect：The Role of Stereotype Fit [J]. Social Cognition，2016：1–16.

[52] Gaertner S L，Dovidio J F. Reducing intergroup bias：The common ngroup identity model [M]. Philadelphia，PA：Psychology Press/ Taylor & Francis，2000.

[53] Gaertner S L，Mann J A，Dovidio J F，et al. How does cooperation reduce intergroup bias? [J] .Journal of Personality and Social Psychology，1990（59）：692–704.

[54] Gaertner S L，Mann J A，Murrell A J，et al. Reducing intergroup bias：The benefits of recategorization. Journal of Personality and Social Psychology，1989（57）：239–249.

[55] Ghaziani A，Taylor V，Stone A. Cycles of Sameness and Difference in LGBT Social Movements [J]. Annual Review of Sociology，2016（42）：165–183.

[56] Giles H，Billings A C. Assessing language attitudes：Speaker evaluation studies [M] // In A. Davies，& C. Elder（Eds.），The Handbook of Applied Linguistics. Oxford，UK：Blackwell Publishing，2004.

[57] Gillespie A，Howarth C S，Cornish F. Four problems for researchers using social categories [J]. Culture & Psychology，2012，18（3）：391–402.

[58] Giannakakis A E，Fritsche I. Social Identities，group Norms，and threat：On the malleability of ingroup bias [J]. Personality and Social

Psychology Bulletin，2011，37（1）：82–93.

[59] Goar C D. Social identity theory and the reduction of inequality：Can cross–cutting categorization reduce inequality in mixed–race groups? [J]. Social Behavior and Personality，2007（35）：537–550.

[60] Goclowska M A，Crisp R J，Labuschagne K. Can counter–stereotypes boost flexible thinking? [J] .Group Processes and Intergroup Relations，2013，16（2）：217–231.

[61] Grusec J E，Davidov M. Untangling the Links of Parental Responsiveness to Distress and Warmth to Child Outcomes [J] . Child Development，2006，77（1）：44–58.

[62] Happe F，Cook J L，Bird G. The structure of social cognition：In（ter）dependence of socio–cognitive processes [J] . Annual Review Psychology，2017，68（11）：1–25.

[63] Haslam N，Rothschild L，Ernest D. Essentialist beliefs about social categories [J] . British Journal of Social Psychology，2000（39）：113–127.

[64] Hess T M，Hinson J T，Hodges E A. Moderators of and mechanisms underlying stereotype threat effects on older adults' memory performance [J] . Experimental Aging Research，2009，35（2）：153–177.

[65] Hodson G，Dovidio J F，Gaertner S L. Processes in racial discrimination：Differential weighting of conflicting information [J] . Personality and Social Psychology Bulletin，2002（28）：460–471.

[66] Hogg M A. Social identity theory [M] //In P. J. Burke（Ed.），

Contemporary social psychological theories. Palo Alto，CA： Stanford University Press，2006.

[67] Hogg M A，Abramas D. 社会认同过程［M］. 高明华，译. 北京：中国人民大学出版社，2010.

[68] Jer ó nimo R，Volpert H I，Bartholow B D. Event-related potentials reveal early attention bias for negative，unexpected behavior［J］. Social neuroscience，2016：1–5.

[69] Johnson K L，Freeman J B，Pauker K. Race is gendered： how covarying phenotypes and stereotypes bias sex categorization［J］. Journal of Personality and Social Psychology，2012，102（1）： 116–131.

[70] Judd C M，James–Hawkins L，Yzerbyt V，et al. Fundamental dimensions of social judgment： understanding the relations between judgments of competence and warmth［J］. Journal of Personality and Social Psychology，2005，89（6）： 899–913.

[71] Kang S K，Bodenhausen G V. Multiple identities in social perception and interaction： Challenges and opportunities［J］. Annual Review of Psychology，2015（66）： 547–574.

[72] Kang S K，Chasteen A L. Beyond the double–jeopardy hypothesis：Assessing emotion on the faces of multiply–categorizable targets of prejudice［J］. Journal of Experimental Social Psychology，2009，45（6）：1281–1285.

[73] Kang S K，Chasteen A L，Cadieux J，et al. Comparing young and older adults’ perceptions of conflicting stereotypes and multiply–categorizable

individuals [J]. Psychology and Aging, 2014, 29(3): 469–481.

[74] Kinzler K D, Spelke E S. Do infants show social preferences for people differing in race? [J].Cognition, 2011(119): 1–9.

[75] Kinzler K D, Shutts K, Correll J. Priorities in social categories [J]. European Journal of Social Psychology, 2010, 40(4): 581–592.

[76] Kinzler K D, Shutts K, DeJesus J, et al. Accent trumps race in guiding children's social preferences [J]. Social Cognition, 2009(27): 623–634.

[77] Kirby N. Sequential effects in choice reaction time [M]//In: Welford AT ed.Reaction Times. London: Academic Press, 1980.

[78] Kite M E, Stockdale G D, Whitley B E, et al. Attitudes toward younger and older adults: An updated meta - analytic review [J]. Journal of Social Issues, 2005, 61(2): 241–266.

[79] Klauer K C, Ehrenberg K, Wegener I. Crossed categorization and stereotyping: Structural analyses, effect patterns, and dissociative effects of context relevance [J]. Journal of Experimental Social Psychology, 2003, 39(4): 332–354.

[80] Klauer K C, Hölzenbein F, Calanchini J, et al. How malleable is categorization by race? Evidence for competitive category use in social categorization [J]. Journal of Personality and Social Psychology, 2014, 107(1): 21–40.

[81] Kunda Z, Sinclair L, Griffin D. Equal ratings but separate meanings: Stereotypes and the construal of traits [J]. Journal of Personality and

Social Psychology，1997，72（4）：720–734.

[82] Labov W. The social stratification of English in New York City（2nd ed.）[M] .New York：Cambridge University Press，2006.

[83] Landmane D，Reņģe V. Attributions for poverty，attitudes toward the poor and identification with the poor among social workers and poor people [J] . Baltic Journal of Psychology，2010，11（1/2）：37–50.

[84] LeBreton J M，Tonidandel S. Multivariate relative importance：extending relative weight analysis to multivariate criterion spaces [J] . Journal of Applied Psychology，2008，93（2）：329–345.

[85] Leonardelli G J，Toh S M. Social categorization in intergroup contexts：Three kinds of self–categorization [J] . Social and Personality Psychology Compass，2015，9（2）：69–87.

[86] Li V，Spitzer B，Olson K R. Preschoolers reduce inequality while favoring individuals with more [J] . Child Development，2014（85）：1123 –1133.

[87] Locke K D，Heller S. Communal and Agentic Interpersonal and Intergroup Motives Predict Preferences for Status Versus Power [J] . Personality and Social Psychology Bulletin，2017，43（1）：71–86.

[88] Longo A，Hoyos D，Markandya A. Sequence Effects in the Valuation of Multiple Environmental Programs Using the Contingent Valuation Method [J] . Land Economics，2015，91（1）：20–35.

[89] Ma D S，Correll J. Target prototypicality moderates racial bias in the decision to shoot [J] . Journal of Experimental Social Psychology，

2011，47（2）：391–396.

[90] Macrae C N，Hood B M，Milne A B，et al. Are you looking at me? Eye gaze and person perception [J]. Psychological Science，2005，13(5)：460–464.

[91] Marquardt M K，Gantman A P，Gollwitzer P M，et al. Incomplete prefessional identity goals override moral concerns [J]. Journal of Experimental Social Psychology，2016（65）：31–41.

[92] McGarty C. Categorization in social psychology [M]. London：Sage Publications，1999.

[93] Nahari G，Ben–Shakhar G. Primacy Effect in Credibility Judgements：The Vulnerability of Verbal Cues to Biased Interpretations [J]. Applied Cognitive Psychology，2013，27（2）：247–255.

[94] Neuberg S L，Sng O. A life history theory of social perception：Stereotyping at the intersections of age，sex，ecology（and race）[J]. Social Cognition，2013，31（6）：696–711.

[95] Nichols A L，Maner J K. The good–subject effect：Investigating participant demand characteristics [J]. The Journal of General Psychology，2008，135（2）：151–166.

[96] North M S，Fiske S T. Social categories create and reflect inequality：Psychological and sociological insights [M] //In The psychology of social status. Springer New York，2014.

[97] Nosek B A，Greenwald A G，Banaji M R. The Implicit Association Test at age 7：A methodological and conceptual review [M] //In J. A. Bargh

(Ed.), Social Psychology and the Unconscious: The Automaticity of Mental Processes. New York: Psychology Press, 2007.

[98] Onifade E, Jackson D M, Chang T R, et al. Recall and the serial position effect: the role of primacy and recency on accounting student's performance [J]. Academy of Educational Leadership Journal, 2011, 15 (3): 65-87.

[99] Payne K B. Prejudice and perception: The role of automatic and controlled processes in misperceiving a weapon [J]. Journal of Personality and Social Psychology, 2001, 81 (2): 181-192.

[100] Pedulla D S. The positive consequences of negative stereotypes: Race, sexual orientation, and the job application process [J]. Social Psychology Quarterly, 2014, 77 (1): 75-94.

[101] Penner A M, Saperstein A. Engendering Racial Perceptions An Intersectional Analysis of How Social Status Shapes Race [J]. Gender & Society, 2013, 27 (3): 319-344.

[102] Philog è ne G E. Understanding social categories: An epistemological journey [M] // Wiley, Shaun (Ed); Philogène, Gina (Ed); Revenson, Tracey A. (Ed), Social categories in everyday experience. Washington, DC, 2012.

[103] Piff P K, Kraus M W, Côté S, et al. Having less, giving more: the influence of social class on prosocial behavior [J]. Journal of personality and social psychology, 2010, 99 (5): 771-784.

[104] Pontikes E G, Hannan M T. An ecology of social categories [J].

Sociological science，2014（1）：311–343.

[105] Quinn P，Yahr J，Kuhn A，et al. Representation of the gender of human faces by infants：A preference for female [J] . Perception，2002（31）：1109–1121.

[106] Ray D G，Way N，Hamilton D L. Crossed–categorization，evaluation，and face recognition [J] . Journal of Experimental Social Psychology，2010，46（2）：449–452.

[107] Remedios J D，Chasteen A L，Rule N O，et al. Impressions at the intersection of ambiguous and obvious social categories：Does gay+ Black= likable? [J] . Journal of Experimental Social Psychology，2011，47（6）：1312–1315.

[108] Rosenberg M . Self Esteem and the Adolescent.（Economics and the Social Sciences：Society and the Adolescent Self–Image）[J] . The New England Quarterly，1965，148（2）.

[109]Ruble D N，Martin C L，Berenbaum S A. Gender development[M]//In N. Eisenberg，W. Damon，& R. M. Lerner（Eds.），Handbook of child psychology：Vol. 3，Social，emotional，and personality development. Hoboken，NJ，US：John Wiley & Sons Inc，2006.

[110] Sanefuji W，Ohgami H，Hashiya K. Preference for peers in infancy. Infant Behavior and Development，2006（29）：584–593.

[111] Schmidt J R，Weissman D H. Congruency Sequence Effects without Feature Integration or Contingency Learning Confounds [J] . PLoS ONE，2014，9（7）：1–9.

[112] Schmader T，Lickel B. Stigma and shame： Emotional responses to the stereotypic actions of one' s ethnic ingroup [M] //In S. Levin & C. van Laar （Eds.），Stigma and group inequality： Social psychological approaches. Mahwah，NJ： Lawrence Erlbaum，2006.

[113] Schmader T，Block K，Lickel B.Social Identity threat in response to stereotype film portrayals： Effect on self-conscious emotion and implicit ingroup attiyudes [J] . Journal of Social Issues，2015，71（1）：54-72.

[114] Schug J，Alt N P，Klauer K C. Gendered race prototypes： Evidence for the non-prototypicality of Asian men and Black women [J] . Journal of Experimental Social Psychology，2015（56）： 121-125.

[115] Sekaquaptewa D，Espinoza P. Biased processing of stereotype-incongruency is greater for low than high status groups [J] . Journal of Experimental Social Psychology，2004，40（1）： 128-135.

[116] Sekaquaptewa D，Espinoza P，Thompson M，et al. Stereotypic explanatory bias: Implicit stereotyping as a predictor of discrimination[J]. Journal of Experimental Social Psychology，2003，39（1）： 75-82.

[117] Sesko A K，Biernat M. Prototypes of race and gender： The invisibility of Black women [J] . Journal of Experimental Social Psychology，2010，46（2）： 356-360.

[118] Shutts K. Young Children's Preferences： Gender，Race，and Social Status [J] . Child Development Perspectives，2015，9（4）： 262-266.

[119] Shutts K, Banaji M R, Spelke E S. Social categories guide young children' s preferences for novel objects [J] . Developmental Science, 2010 (13) : 599–610.

[120] Shutts K, Brey E L, Dornbusch L A, et al. Children use wealth cues to evaluate others [J] . PLoS ONE, 2016, 11 (3) : e0149360.

[121] Shutts K, Brey E L, Dornbusch L A, et al. Children use social class cues to evaluate others [M] . Unpublished manuscript, 2015.

[122] Shutts K, Roben C K P, Spelke E S. Children' s use of social categories in thinking about people and social relationships [J] . Journal of Cognition and Development, 2013, 14 (1) : 35–62.

[123] Sigelman C K. Age differences in perceptions of rich and poor people: Is it skill or luck? [J] . Social Development, 2013, 22 (1) : 1–18.

[124] Singh R, Yeoh B S, Lim D I, et al. Cross - categorization effects in intergroup discrimination: Adding versus averaging [J] . British Journal of Social Psychology, 1997, 36 (2) : 121–138.

[125] Song J J, Zuo B. Functional Significance of Conflicting Age and Wealth Cross–Categorization: The Dominant Role of Categories that Violate Stereotypical Expectations [J] . Frontiers in psychology, 2016 (7) : 1624–1640.

[126] Song J J, Zuo B, Yan L. A serial multivariable mediation model of math gender stereotype on math performance [J] . Social Behavior and Personality, 2016, 44 (6) : 943–952.

[127] Song J J, Zuo B, Wen F F, et al. Math–Gender Stereotypes and Career

Intentions： An Application of Expectancy-Value Theory [J] . British Journal of Guidance and Counselling，2017：1-16.

[128] Song J，Zuo B，Wen F，et al. The effect of crossed categorization on stereotype-wealth × age group [M] . Psychological Exploration (In press) ，2016.

[129] Steele C M，Spencer S J，Aronson J. Contending with group image： The psychology of stereotype and social identity threat [M] //In M. P. Zanna （Ed.）. San Diego，CA： Academic Press，2002.

[130] Stern C，West T V，Jost J T，et al. The politics of gaydar： Ideological differences in the use of gendered cues in categorizing sexual orientation [J] . Journal of Personality and Social Psychology，2014，104 (3) ： 520-541.

[131] Sun S，Zuo B，Wu Y，et al. Does perspective taking increase or decrease stereotyping? The role of need for cognitive closure [J] . Personality and Individual Differences，2016 (94) ： 21-25.

[132] Tao S，Xu Y，Yuan C. The Effect of Complementary Stereotypes on Impression Formation： A study of the rich and poor [D] . Paper presented at the 2nd International Conference on Education，Management and Social Science，2014.

[133] Todorov A，Olivola C Y，Dotsch R，et al. Social attributions from faces： Determinants，consequences，accuracy，and functional significance [J] . Psychology，2015，66 (1) ： 519-545.

[134] Turner J C，Reynolds K J. Self-categorization theory [J] . Handbook of

theories in social psychology，2011（2）： 399–417.

[135] Turner J C，Hogg M A，Oakes P J，et al. Rediscovering the social group：A self–categorization theory [M]. Oxford，UK：Basil Blackwell，1987.

[136] Tajfel H. Some developments in European social psychology [J]. European Journal of Social Psychology，1972，2（3）：307–321.

[137] Tajfel H，Billig M G，Bundy R P，et al. Social categorization and intergroup behavior [J]. European journal of social psychology，1971，1（2）：149–178.

[138] Urada D，Stenstrom D M，Miller N. Crossed categorization beyond the two–group model [J]. Journal of Personality and Social Psychology，2007，92（4）：649–664.

[139] Van Rijswijk W，Ellemers N. Context effects on the application of stereotype content to multiple categorizable targets [J]. Personality and Social Psychology Bulletin，2002，28（1）：90–101.

[140] Verschoor C C. Are the rich more unethical and greedy? [J]. Strategic Finance，2012，93（11）：15–17.

[141] Vescio T，Judd C，Kwan V. The crossed–categorization hypothesis：Evidence of reductions in the strength of categorization，but not intergroup bias [J]. Journal of Experimental Social Psychology，2004（40）：478–496.

[142] Wang Z，Mao H，Li Y J，et al. Smile big or not? effect of smile intensity on perceptions of warmth and competence [J]. Journal of

Consumer Research，2016（12）：787–805.

[143] Warner R M. Applied statistics：from bivariate through multivariate techniques [M]. Thousand Oaks（CA）：SAGE Publications，2012.

[144] Weisman K，Johnson M V，Shutts K. Young children's automatic encoding of social categories [J]. Developmental Science. 2015（18）：1036–1043.

[145] Zhao L，Bentin S. Own– and other–race ategorization of faces by race，gender，and age [J]. Psychonomic Bulletin & Review，2008（15）：1093–1099.

[146] 戴维.迈尔斯. 社会心理学[M]. 张智勇，乐国安，侯玉波，等译.北京：人民邮电出版社，2006.

[147] 代涛涛，佐斌，温芳芳. 社会认知中热情与能力的补偿效应 [J]. 心理科学进展，2014，22（3）：502–511.

[148] 甘梨. 中国家庭金融调查报告（2012）[M]. 成都：西南财经大学出版社，2012.

[149] 黎情，佐斌，胡聚平. 群体交叉分类效应的代数模型及其潜在加工过程 [J]. 心理科学进展，2009，17（4）：863–869.

[150] 马芳，梁健宁. 内隐数学性别刻板印象的SEB研究 [J]. 心理科学，2006，29（5）：1116–1118.

[151] 宋静静，佐斌，温芳芳，等. 物理性别刻板印象对学业拖延的影响：一个序列中介效应分析 [J]. 中国临床心理学，2016，24（3）：514–519.

[152] 宋静静，佐斌，温芳芳，等. 交叉分类对刻板印象的影响：穷富与

年龄维度交叉为例 [J]. 心理学探新，2017（2）.

[153] 陶塑，许燕. 对贫，富群体刻板印象的内容及维度间关系研究 [C] // 增强心理学服务社会的意识和功能——中国心理学会成立 90 周年纪念大会暨第十四届全国心理学学术会议论文摘要集，2011.

[154] 特纳. 自我归类论 [M]. 杨宜音，等译. 北京：中国人民大学出版社，2001.

[155] 王凯，王沛. 印象形成中交叉刻板印象的加工机制 [J]. 心理科学，2012，35（6）：1343–1349.

[156] 吴明证. 内隐态度的理论与实验研究 [D]. 上海：华东师范大学，2004.

[157] 吴小勇，杨红升，程蕾，等. 身份凸显性：启动自我的开关 [J]. 心理科学进展，2011，19（5）：712–722.

[158] 吴月鹏. 网络游戏玩家的刻板印象：暴力线索与性别线索 [D]. 武汉：华中师范大学，2016.

[159] 严磊. 交叉分类对刻板印象内容评价的影响：自我归类的视角 [D]. 武汉：华中师范大学，2017.

[160] 殷荣，张菲菲. 群体认同在集群行为中的作用机制 [J]. 心理科学与进展，2015，23（9）：1637–1646。

[161] 张庆. 特质推理中的内容效应及性别刻板印象 [D]. 济南：山东师范大学，2012.

[162] 张晓斌，佐斌. 基于面孔知觉的刻板印象激活两阶段模型 [J]. 心理学报，2012，44（9）：1189–1201.

[163] 佐斌. 刻板印象内容与形态 [M]. 武汉：华中师范大学出版社，2016.